U0157971

如果有人问我：你的生态学研究是否有经济回报？我会说：绝对没有。然后他会追问：那你为什么要这么做呢？我的回答就是：我们需要了解我们所生活的这个世界。了解世界能丰富我们的人生。

——查尔斯·J.克雷布斯

大学通识核心课

WHY
ECOLOGY MATTERS

［美］查尔斯·J. 克雷布斯（Charles J. Krebs）◎著

何鑫　程翊欣◎译

生态学通识

北京大学出版社
PEKING UNIVERSITY PRESS

著作权合同登记号　图字：01-2016-6632

图书在版编目（CIP）数据

生态学通识/（美）查尔斯·J. 克雷布斯（Charles J. Krebs）著；
何鑫，程翊欣译. —北京：北京大学出版社，2021.11
（大学通识核心课）
ISBN 978-7-301-32521-6

Ⅰ.①生… Ⅱ.①查… ②何… ③程… Ⅲ.①生态学－高等学校－
教材 Ⅳ.①Q14

中国版本图书馆CIP数据核字（2021）第186991号

Why Ecology Matters by Charles J. Krebs
Licensed by The University of Chicago Press,Illinois,U.S.A.
© 2016 by The University of Chicago. All rights reserved.
Simplified Chinese Edition © 2021 by Peking University Press.

书　　　　名	生态学通识
	SHENGTAIXUE TONGSHI
著作责任者	［美］查尔斯·J. 克雷布斯 著　何鑫　程翊欣 译
策 划 编 辑	周志刚
责 任 编 辑	周志刚
标 准 书 号	ISBN 978-7-301-32521-6
出 版 发 行	北京大学出版社
地　　　　址	北京市海淀区成府路 205 号　100871
网　　　　址	http://www. pup. cn　　　新浪微博:@ 北京大学出版社
微信公众号	通识书苑（微信号：sartspku）科学元典（微信号：kexueyuandian）
电 子 邮 箱	编辑部 jyzx@pup.cn　　　总编室 zpup@pup.cn
电　　　　话	邮购部 010-62752015　发行部 010-62750672
	编辑部 010-62753056
印 刷 者	大厂回族自治县彩虹印刷有限公司
经 销 者	新华书店
	880 毫米 ×1230 毫米　A5　8.375 印张　190 千字
	2021 年 11 月第 1 版　2023 年 11 月第 2 次印刷
定　　　　价	40.00 元

目录 | CONTENTS |

序

　　在当今这个世界上，许多问题的讨论都会涉及生态学这门学科，因此了解其中的一些原理对于我们来说是至关重要的。我们每个人都需要以生态学家的视角，来了解随着气候变化、疾病暴发、物种濒危，以及细菌对抗生素的抗性而产生的生物学问题。生态学是研究地球上所有动植物与其环境之间相互关系的科学；当我们无视生态学的一些基本原理时，就会酿成严重的后果。如果我们在自然环境中消灭了狼，鹿就会过剩。如果鹿过剩，携带莱姆病①病原体的蜱就会过剩，然后人类也会开始患病。如果我们对农场饲养的鸡使用抗生素，那么我们也许就选择了对所有已知抗生素具有抗性的病原菌。演化过程中的变化能迅速发生，而一旦这种变化发生了，就会产生生态后果。

---

① 莱姆病（Lyme disease）是一种以蜱为媒介的螺旋体感染性疾病，是由伯氏疏螺旋体所致的自然疫源性疾病。——译者注

　　年轻时，我们都知道不能忽视物理学中的基本原理——我们能走能跑，却无法像鸟儿般飞行。于是我们依靠科技制造了飞机，从而克服了这种限制。但是，生态学又包含哪些原理呢？科学家们对这些原理又有哪些研究？这便是本书的主题。自然界是如何运作的呢？大自然中的每样事物都是相互联系着的吗？生态学家可能会对此回答"不"，但是有些生物确实与另一些生物相互联系，通过描述和理解这些联系，我们就能更好地管控我们对地球所产生的影响。如果你渴望成为一名牙医、会计师，抑或宇航员，那么你将始终与生态系统紧密相连，这时习得一些生态学知识将是有用的。无论我们做什么，我们都必须摄入农业企业所生产的粮食，而这正是应用生态学的一种形式；我们都必须呼吸空气，而这正是植物净化后的空气；我们都必须生活在适宜的气候里，并应该关注因使用化石燃料而不断上升的二氧化碳浓度。我们可能并不能亲自参与热带地区的物种保护活动，却能够对科学家们尝试从植物中寻找那些能缓解癌症或其他新兴疾病的化学物质表示支持。

　　现在市面上有许多关于生态学的书籍可以阅读，网上也有不少资源。其中最好的是那些专门讲述一些鸟类或蝴蝶的诸多细节的书籍，这类书籍也是最有用和最具可读性的。针对专业生态学研究者的生态学教科书通常内容翔实，但对于普通人而言却过于晦涩难懂。虽然网络上一些特定的信息也是有用的，但是网络无法提供生态学的概论性内容。本书在讲述生态学概论的同时穿插了不少细节，试图走理论与实践相结合的"中间路线"。在本书中，我总结了12条原理，涵盖了那些在帮助我们理解生物世界运作方式上十分重要的生态学的主要概念。在写作过程中，我尽量避免使用专业术语，而是努力介绍细节丰富、见解深刻的生态学案例，以让读者了解至今尚未解决的生态学重要观点和问题。由于生态学依赖于长期积累的数据，所以会被认为是一门缓慢的科学。人们在媒体上听到的那些实验通常开展了几个月或几年时间。而生态学的理论洞见可能需要立基于 10—30 年之久的细致研究和实验。冰川地质学家过去嘲笑说，试问有谁能坐着观察冰川的移动？但如今随着气候的快速变化，这已经不再是一个玩笑了。同样，生态学，作为一门科学，也在急速前进，有越来越多关于世界如何运作的研究正在全球各地展开。

我将生态学的主要理论划分成了 12 章，整本书从地球上生命的地理分布这个简单的问题开始讲起，然后到种群相关的问题，再到各种生物如何在群落和生态系统中共处这类更难一些的问题。随着读者的逐章阅读，难度也将逐渐提升。人们对生态学已经了解了很多，但还有更多问题尚未理解透彻。在本书的每一章中，我都提供了可供参考的科学文献[1]，假使某个问题是你非常感兴趣的，那么便值得你通过文献进一步深究。生态学领域的文献每天都在增加，那些由生态学家们所揭示的洞见，提升了我们对窗外正在发生的事物的理解，从而丰富了我们的生活。

我要感谢艾丽斯·肯尼（Alice Kenney）协助收集资料。在生态学领域，有两类英雄。第一类是野外生态学家，他们长期工作在野外，试图揭示地球生态系统的奥秘。他们很少受到关注，也拿不

---

[1] 作者所提供的科学文献并不在各章末尾，而是在书最后的"参考文献"部分。读者可以通过文献名，了解它与章之间的对应关系。——译者注

到诺贝尔奖，但他们却是最值得我们的子孙后代感激的科学家。第二类英雄是那些为生态学研究提供资助的个人和组织。其一是政府机构，即使这些政府机构知道有些研究结果会使当前的政府政策显得难堪，但它们仍然做出了资助生态学研究的勇敢决定。其二是那些认为生态学研究值得资助的个人及基金会。生态学研究很少能够产生经济利益，因此在这个由经济增长狂热所驱动的世界里，生态学常被认为是不重要的科学而遭到忽略。但是生态学丰富了我们的生活，而这或许比金钱更重要。

查尔斯 J. 克雷布斯

第一章

是什么限制了生物的地理分布？

- 地理和气候限制着许多物种的分布。在过去,绝大多数物种都很难实现不同大陆之间的迁移。然而如今,人类不断将物种转移至新的区域,其中有些甚至已经成为严重的有害生物。
- 气候变暖也正在改变许多物种的分布,致使它们的分布区域向极地扩张。
- 在地域层面上,限制物种地理分布的原因并非总是那么清楚,因为这其中涉及许多生态过程。

    企鹅既不生活在芝加哥,也不生活在北极。对企鹅不出现在芝加哥这件事,我们并不会感到特别惊讶。企鹅在南极的大片浮冰之下和南大洋捕食鱼类。而芝加哥既没有相互重叠的浮冰也没有海洋生境。但是,企鹅却能在芝加哥动物园里快乐地生活。显然,芝加哥的气候并不是企鹅分布的限制因子。我们应该感到惊讶的是,企鹅竟然不生活在北极，因为北极既有浮冰群也有鱼。其实原因十分简单，企鹅的分布区从来就没有到达过北极，热带海洋所形成的屏障扼杀了它们成功跨越海洋、进入北冰洋的可能性。

这类屏障阻止了扩散活动，尤其阻止了单个个体从出生地前往一个新繁殖地的扩散活动。在生态学研究领域，活动是极其重要的内容。而在物种分布的研究中，活动所产生的影响又最为明显。动植物如何到达世界各地呢？在早期博物学家的眼中，隔离或缺乏扩散成为解释这类问题的基础。为什么为了观赏长颈鹿，我们会前往非洲而不是南美洲？为什么为了观赏袋鼠，我们会前往澳大利亚而不是北美洲呢？原因就在于隔离。也正因为这个原因，动物园这个成功突破了动物原始分布格局的地方，成了备受人们好评的典范。正如植物园能够展示原本分布在不同区域的植物一样，限制全球各地动物扩散的因素也不再影响到动物园里的动物。

阿尔弗雷德·华莱士（Alfred Wallace）于1876年绘制出了堪称经典的全球物种区域分布图，他根据哺乳动物的区系，将整个地球划分为若干区域。华莱士将北美洲（新北区）从欧亚大陆（古北区）中区分出来，并确定了划分全球哺乳动物区系的其他四个区域——南美洲（新热带区）、非洲（埃塞俄比亚区）、澳大利亚（澳新区）以及印度次大陆（东洋区）（图1.1）。如今我们会去非洲看长颈鹿，去澳大利亚看袋鼠，而华莱士在当时已经认识到这种格局。这一关于生物分布的全球性观点已经成为研究动物、植物、微生物地理分布的基础。同时，也为我们研究生物的分布打下了良好的开端。地理屏障所形成的大陆与区域隔离造就了这种分布模式，并且导致了不同的演化路径，进而形成了不同的物种集群。同时，这也是一个开端，帮助我们理解为什么特定物种生活在特定区域，以及将物种转移到原始分布区以外时会出现什么样的后果。

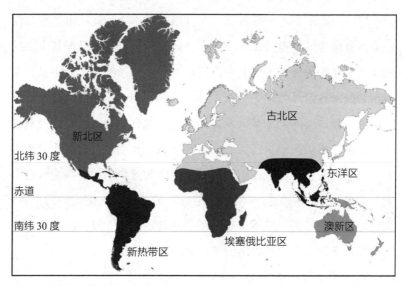

图 1.1　地球的生物地理区系分界。这六大区系既是过去 2000 万年的大陆漂移的产物，也是像山脉这类影响演化进程的自然屏障的产物。Alfred Wallace（1876 年）最早提出了这一观点，Holt 等（2013 年）对此作了更新。

不过，有一个问题随之而来。演化确实使不同的地理区系产生了不同的动植物，但是我们怎样才能确保任何一种生物能够真正在一个完全不同的地域存活呢？一个简单的迁移实验就可回答这个问题，那就是将这种生物转移到一个新的地域。如果它能够存活并繁殖，那么你就有充分的理由证明，它以往的分布区域在形成过程中其实是受到了扩散不足的限制。图 1.2 以图示的方式说明了这一简单的迁移实验的逻辑。

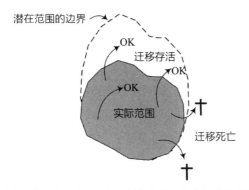

图 1.2 迁移实验的假说设定。灰色区域指代某一特定物种目前的地理分布范围。每个箭头意味着一次迁移实验。箭头分为成功迁移(OK)和失败迁移(十字架符号)。在这个例子中,物种可以占据一块大于目前分布范围的潜在区域(虚线范围内)。在实际操作中,可能需要分别开展多项迁移实验,才能确定一个物种地理分布范围的潜在边界。

从很久以前开始,人类便开始了这种迁移实验,通常并非有意为之。不过在过去的两个世纪里,这本来如涓涓细流般的迁移活动却突如洪水般四溢开来。我们种植的大部分农作物是引入的植物,所以迁移实验能使人类获益。但是,许多严重的有害生物也是引入物种,这些入侵种会给我们的生活带来巨大的经济损失。许多有害生物的迁移纯属意外——例如羊毛捆包中的种子,或者随干草捆包一起运输的鼠类。不同国家都精心设计了一系列检查、检疫程序,努力避免因为意外或者蓄意引入对人类及本地动物有害的生物。[①]

很荒谬的是,一些最严重的有害生物竟然是被人有意引入的。不妨考虑以下两个案例。紫翅椋鸟(*Sturnus vulgaris*)在 60 年间就扩散到了加拿大的大部分区域和整个美国。由于紫翅椋鸟胆大,具

---

① 很多国家其实也在努力避免引入对本地植物有害的生物。——译者注

攻击性，偷吃水果作物，并且取代了几种本地鸟种，所以被认为是一种有害生物。紫翅椋鸟的原始分布区位于从地中海到挪威、东至西伯利亚的欧亚大陆。人们最初曾多次尝试将紫翅椋鸟引入美国。一次是 1850 年前，人们将其引入宾夕法尼亚州的西切斯特。接下来的一次是 1872—1873 年，人们又将其引入俄亥俄州的辛辛那提。不过诸如此类的尝试都没有成功。1889 年，人们在俄勒冈州的波特兰释放了 20 对紫翅椋鸟，但它们也逐渐消失了。没有人知道为什么这些早期的引入尝试失败了——也许是因为释放个体过少所致。

紫翅椋鸟在美国的永久性定居最终可追溯到 1890 年的 4 月，当时有 80 只个体在纽约的中央公园被释放。释放者是美国驯化协会的主席，这个组织曾试图将莎士比亚作品中提及的每一种鸟都引入北美洲。次年 3 月，又有 80 余只鸟被释放。大约过了 10 年，紫翅椋鸟终于成功地在纽约地区定居下来。随后，它们开始向整个北美洲扩张领地（图 1.3）。成鸟的非正常迁移和尚未进入繁殖期的 1 至 2 岁幼鸟的游荡活动造成了紫翅椋鸟繁殖范围的疾速扩张。成年的紫翅椋鸟对待繁殖地具有专一性，因此它们不会在新的区域定居。在被成功引入后的最初 50 年间，紫翅椋鸟占据了约三百万平方英里①的范围。这种我们祖先并不认识的鸟，现如今成了北美洲最常见的鸟之一。

海蟾蜍（*Rhinella marinus*）原始分布区位于中南美洲的墨西哥至巴西。由于人们相信它能够控制住金龟子科的甘蔗害虫，所以在 20 世纪 30 年代，将它广泛引入加勒比海和太平洋上的岛屿。1953

---

① 平方英里：英制面积单位。1 平方英里 ≈2.590 平方千米。——译者注

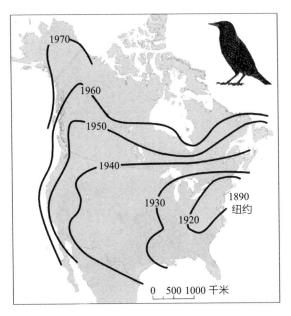

图 1.3　北美洲的紫翅椋鸟的地理分布范围向西扩张的情况。紫翅椋鸟于 1890 年被引入纽约，并迅速向西和向北扩张。（改编自 Johnson and Cowan，1994。）

年，海蟾蜍被带入澳大利亚的昆士兰东北部。然而，它并没有成功控制任何害虫，适得其反的是，它自己却成了有害生物。海蟾蜍的腮腺内含有能导致心脏停搏的毒液。海蟾蜍的所有形态[①] 都具有毒性，有人因为食用了海蟾蜍卵而被毒死。虽然海蟾蜍几乎什么都吃，但它主要取食昆虫，尤其是那些益处大于害处的昆虫。它们唯一不做的事就是控制甘蔗害虫，而这却是它们最初被引入的理由。它们繁殖量惊人，雌性一年至少繁殖两次，可以产下 8000—35000 只卵。

① 包括卵、蝌蚪、成体。——译者注

对许多潜在捕食者而言，海蟾蜍是有毒的，但一些生物已经学会了避免误食它们，或者演化出了抗毒性。由于海蟾蜍本身具有毒性，且繁殖率高，自 1935 年被引入以来，它们的种群已经跨越了澳大利亚北部（图 1.4）。海蟾蜍以每年约 40 千米的速度向西扩展，并于 2009 年进入澳大利亚西部。被标记的海蟾蜍个体每晚可以沿着道路移动多达 1.8 千米，这些道路被它们当作便捷的生境廊道，以实现快速扩散。

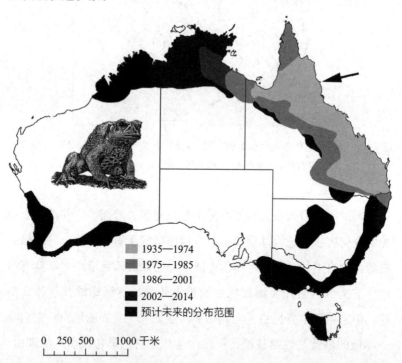

图 1.4 1935 年，海蟾蜍被引入昆士兰（箭头所指位置）。图中显示了 1935—2014 年间，被引入的海蟾蜍的扩散情况，以及海蟾蜍未来在澳大利亚南部和西部适宜地区的扩散情况预测。（基于 Urban et al.，2007；数据来源：Western Australia Parks and Wildlife Department，2014。）

　　海蟾蜍必须在较小的池塘里繁殖，消除关键区域内的水塘是阻止它们向澳大利亚西部大面积扩散的一个方法。Tingley 等（2013）在澳大利亚西部西北向的海岸线上发现了三个可能阻止海蟾蜍继续向南扩散的关键屏障的位点。消除这些区域内的人工水体将极为有效地阻止海蟾蜍在澳大利亚进一步扩散。但问题是，大多数本该排干的水体位于牧场上，排干水会对土地所有者带来经济损失，所以这里的排水工作其实无法实施。

　　海蟾蜍在其从卵到蝌蚪再到蟾蜍的生活史各个阶段，都具有毒性，所以人们在 20 世纪 90 年代和 21 世纪头十年里都非常担忧如图 1.4 所示的海蟾蜍入侵。人们认为，这将使得捕食海蟾蜍的鸟类、爬行类和兽类大量死亡。幸运的是，这种有害生物的毒性并没有人们预料的那么严重（Shine，2010）。诸如蜥蜴、眼镜蛇和生活在淡水中的鳄鱼这些大型捕食者的种群确实由于海蟾蜍的入侵而出现了暂时性的下降，但海蟾蜍毒性的影响却是高度变化的。一些捕食者（如生活在淡水中的鳄鱼）由于海蟾蜍的入侵，种群数量曾严重下降，但它们又通过学会避免取食海蟾蜍，而使得种群在数十年间得以恢复。海蟾蜍的入侵并没有令任何一种本土捕食者灭绝，许多广受担忧的本土类群并未受到影响，这在很大程度上是因为它们具有耐受海蟾蜍毒性的生理机制。同时，许多以两栖动物为食的本土捕食者不愿意取食海蟾蜍，这要么是天生的，要么是后天习得的一种响应机制。通常来说，海蟾蜍所产生的这种适度影响被人们认为是温和的，但其实这与人们基本上缺乏关于海蟾蜍的捕食者和竞争者的种群数量的详细数据，也缺乏被海蟾蜍所捕食的昆虫的详细数据有关。在理想状态下，生态学家需要这些数据来评估引进物种的影响，但大多数有害生物都缺乏这样的数据。

海蟾蜍留给我们的另一条信息，就是警告人们，不应该未经深入研究就引进某种生物，并相信它们是有益的。在过去的两个世纪里，太多"称心如意"的生物的引入，最终都酿成了生态灾难。

并非所有的引入实验都会带来有害的结果，生态学的一大挑战就是要在引入前，厘清正面与负面的影响。我们受惠于许多引入物种——大多数农作物都是迁移实验的成功结果。许多鱼类被成功地引入了新的地域，并带动了当地渔业的发展。虹鳟（*Oncorhynchus mykiss*）是生活在北美洲西部冷水河流及溪流的本地鱼种，对于垂钓者而言，能钓到虹鳟，不啻为一种令人惊喜的奖励。在过去一百年间，虹鳟被引入全世界各地。目前，虹鳟已经在除了南极洲以外的各个大陆，都建立了稳固的种群。尽管虹鳟原本并不生活在北美洲的大陆分水岭以东，但如今却出现在加拿大所有省份和美国大部分地区的溪流中，甚至还进入了墨西哥和中美洲的一些河流水系中。虹鳟因为人类的引入行为而大规模地扩张了自己的分布范围。但是，即使是这类明显令人满意的引入，在一些区域也出现了不尽人意的副作用。例如，在阿巴拉契亚山脉南部，虹鳟能够替代当地的另一种珍贵的垂钓鱼——美洲红点鲑。

并非所有的引入实验都是成功的。诸如北美洲引入紫翅椋鸟这种成效显著的成功案例，往往会掩盖其他众多乏味的失败案例。一些驯化组织（acclimatization societies），曾在向澳大利亚和新西兰引入鸟类和兽类方面做了大量历史性的研究，他们的主要目的是要将新西兰和澳大利亚打造得更像欧洲和北美洲。

　　19世纪，大量异国鸟兽被引入新西兰。一些地区的驯化组织留下了许多细致的记录，例如每年引入并释放的鸟种数和个体数。我们从这些详细的记录中获得了不少发现，其中之一便是一种鸟引入的个体数量越多，它就越有可能在新西兰这座岛屿上生存和定居（图1.5）。这一发现成了人们所总结的有关引入入侵生物的一系列理论概括的基础——释放量越大，成功的可能性就越高。小种群会面临各种导致种群灭绝的偶然事件——糟糕的天气或者捕食者的袭击虽然仅杀死了一部分个体，但会打破小种群的平衡，最终导致引入失败。在133种被引入新西兰的异国鸟类中，只有约45%的种类成功存活下来并成为永久居留者。

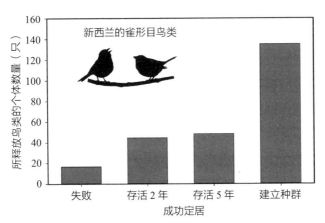

图1.5　19世纪在新西兰释放的雀形目鸟类的平均数量与定居成功的相关性。任何鸟类，释放的个体数目越多，定居的成功率越高。（数据来源：Blackburn et al., 2013。）

　　然而就像生态学的许多理论概括一样，凡事总有例外。仅仅依靠2头个体，水鹿（*Cervus unicolor*）就被成功引入了新西兰；而依靠 5 头个体，喜马拉雅塔尔羊（*Hemitragus jemlahicus*）于 1904 年被成功引入新西兰。但从总体上看，对于数据充分的有蹄类动物而言，14 种被引入新西兰的种类中有 11 种都成功建立了种群，而对于前文刚刚提到的鸟类来说，则是释放的个体数量越多，定居的成功率越高。

入侵物种的问题突出强调了物种迁入新地域的整个过程。这些过程其实非常复杂，这也是为什么目前我们几乎无法解释物种引入问题的成败。入侵过程包含四个主要步骤：个体转移、建立种群、扩散和产生影响。入侵过程可因以上任一步骤而失败。入侵物种的最终影响可大可小，并且其中的影响部分取决于人类的认知。

当动植物被转移或移入一个新的地域时，可能因以下两个原因而失败：要么是生物环境淘汰了新来者，要么是物理 – 化学环境对生物具有致命影响或者阻止其繁殖。捕食者也会对一些物种的种群建立形成阻碍。有关捕食者的作用，紫贻贝（*Mytilus edulis*）做了很好的诠释。紫贻贝广泛分布于全球，它们附着生长在海岸边的岩石上。在爱尔兰毫无遮蔽的南海岸，这种小型贻贝种群数量丰富，但是在那些受保护的水体内，贻贝却常常不见踪影。原因很简单。如果一个人将附着贻贝的岩石从无遮蔽的海岸转移至受保护的水体，贻贝便快速消失，因为它们会遭到三种蟹和一种海星的捕食。如果将贻贝放置在钢丝笼内，然后再转移到受保护的水体里，那么只要捕食者进不了笼子，贻贝就能快乐地生活下去。在开阔的海岸，潮间带剧烈的波浪使得蟹和海星比较少见，因此贻贝就拥有了一个相对安全的庇护所。

由于气候变化，生物地理分布范围的扩大与缩小目前已成为重要课题。大气中二氧化碳与其他温室气体的增加导致气候逐渐变暖以及降水分布发生变化。全球变暖对许多物种的地理分布产生了深远的影响（Burrow 等，2014；Cahill 等，2014）。一项针对全球 1367 个物种对气候变暖作出响应的综合分析表明，这些物种平均每十年远离赤道移动 18 千米。这份分析涵盖了植物、哺乳动物、鸟类、甲虫、蚱蜢、蝴蝶、潮间带藻类、无脊椎动物和蜘蛛，且平均观察时间长达 25 年（Chen 等，2011）。与此类似的是生活在高山上的物种，它们的分布高度平均每十年海拔上升 12 米，这些观察的平均时间达到了 35 年。图 1.6 显示了英国的蜘蛛和蝴蝶分布范围边界变化的详细数据。

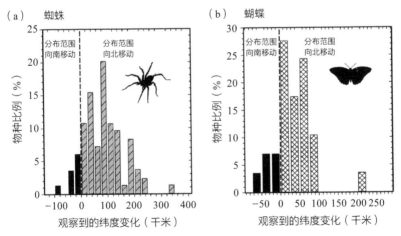

图 1.6 英国 25 年间观察到的 85 种蜘蛛和 29 种蝴蝶分布范围边界的纬度变化。虚线标志着无变化的点；黑色柱体代表与预计情况相反，向南移动的物种。（改编自 Chen et al.，2011。）

如果气候因素是地理分布变化的唯一解释，我们就能够预测所有的物种随着气候变暖而迁移的情况。然而现实并非如此，因为有一系列的因素能影响物种分布范围的界限。任何特定物种分布范围的变化都可能由许多生态过程造成：

- 物种缺失，是否因为它未能移动到这片区域（扩散限制）？
- 物种缺失，是否因为它未能意识到这片生境是适合的？
- 其他物种（寄生物、捕食者、病原体）是否阻止了它们的定居？
- 是否存在限制性的物理或化学因子（温度、水、氧气、土壤、酸碱度）？

只有充分考虑并排除前三项问题后，我们才能接受某一物种的分布范围变化是由气候变暖造成的观点。

大尺度格局会使一些观察到的分布范围界限变得模糊不清。气候限制的一个简单模型就是，所有物种的地理分布范围都朝着极地方向移动。但是，在一项针对来自不同分类学类目 764 个物种的分析中，Chen 等人（2011）发现，22% 的物种没有按照气候变化简单模型预计的那样迁移，而是朝着相反的方向改变其分布范围。研究气候变化问题，一个重要的概念是要测算出与地理分布移动相关的气候变化的速率。VanDerWal 等人（2013）就从 1950—2010 年对澳大利亚 464 种鸟类开展了这项研究。他们测定了每种鸟生存的气候区，然后测算出在各气候区中观察到的鸟类分布范围的移动情况，同时从过去 60 年的鸟类观察记录中找到同种鸟的分布范围变化情况，然后将两者进行对比分析。结果是物种分布范围的变化快于气候的变化，这样它们才能够快捷地跟上澳大利亚气候变化的节奏。但这并不意味着如果气候变化加速，这一理论概括仍旧正确。尽管澳大利亚的许多鸟类正随着气候变化，朝着"正确"的方向移动，另一些鸟类则不同，而这些鸟类急需得到进一步的研究。

在局域尺度上，生物间的许多相互作用，例如竞争关系，就能够影响一个物种的分布。许多植物和微生物利用化学战来抑制可能伤害到它们的邻近生物的生长。化学战的著名例子就是青霉素。青霉素是一种真菌的分泌物，能够对其他微生物产生作用。青霉菌属 *Penicillium* 的土壤真菌通过分泌这种抗生素来保护自己免受细菌的侵害。人类则学会了使用这种化学物质保护自身，对抗疾病。对人类疾病的研究本质上是对微生物定居到新环境（即人类）的研究，因此只是在尺度上与紫翅椋鸟在北美洲定居不同而已。在我们生命的一段时间里，我们得感谢这种抗生素与致病生物之间的化学战，感谢抗生素对入侵我们体内的微生物的制约与根除。许多植物会分泌有毒的化学物质，从而抑制那些以它们为食的动植物。在我们的烹饪过程中所使用的大多数香料，其实就是植物为了阻止植食动物的取食而演化出的特殊之物。

溪流的地理分布限制了溪流鱼类的分布，所以它们为我们提供了一个在地理分布变化方面的研究案例。一项在法国展开的、历经30年（1980—2009）、针对32种生活在溪流中的鱼类的调查发现，鱼类的分布变化既有海拔层面的，也有上下游层面的。总体而言，随着水温升高，人们预计溪流鱼类为了继续生活在适宜的温度带内，将倾向于向上游移动。Comte 和 Grenouillet（2013）发现，那些生活在法国溪流中的鱼类，海拔分布范围平均每十年上升了 14 米，距离分布范围则平均每十年向上游移动了 0.6 千米。在这些溪流中，他们发现鱼类分布范围的变化速率跟不上溪流水温的变化，因此，相对于动物为适应不断上升的水温需要，鱼类分布范围的变化其实是滞后的。

红树林是一类生长在潮间带的乔木或灌木，遍布于地球热带及暖温带的海岸线上。生长在咸水中的红树林对低温十分敏感，所以它们是反映海洋暖化的良好指示生物。在过去半个世纪，五大洲的红树植物都已经向极地方向扩展了它们的分布范围，而这是以牺牲盐沼作为代价的[①]（Saintilan 等，2014）。亮叶白骨壤（*Avicennia gerninans*），一种常见的红树植物，已经沿着美国的大西洋海岸扩张了自己的分布范围，并因为美国南部霜冻天气频率较少的缘故，成功扩张到盐沼地。这一属的植物也扩张进入了秘鲁的盐沼地，而这是它们能够向南部扩张的极限位置，同时它们也扩张到墨西哥的太平洋海岸。在中国的广东省，几种红树植物不仅在面积上进行扩张，还取代了红树林保护区中受保护的盐沼。在澳大利亚东南部，红树林向盐沼地的大力扩张正在上演。尽管红树林分布范围扩张的具体机制因为受到扩散运动的限制而较为复杂，但这些变化，与气温阈值向极地扩张以及海平面上升是一致的。在亚热带及温带的海岸线上，优势植被从盐沼植被向红树林的转变，将影响潮间带的其他生物群落。在红树林区域抚养后代的许多鱼类因此会受到影响。不过，从一个务实的角度来看，扩张的红树林能够在海啸时保护海岸线免受灾难性波浪运动的侵害（Alongi，2008）。

---

① 许多亚热带海岸线被盐沼或红树林等湿地环绕，并产生区域重叠。事实上，红树林和盐沼湿地均具有重要的生态功能，同时两者也有各自的特点。——译者注

对于那些限制了大多数动植物地理分布范围的生态学过程，我们仍知之甚少。在全球尺度上，地形和气候是两大主要限制因子。虽然我们能很好地识别不同大陆上的动植物区系，但是在局域尺度上，我们仍然有许多不解。例如，为什么某种植物在某片林地出现，却不在邻近林地出现呢？目前，动植物原有的历史地理分布范围正在发生改变，人为引入和气候变化是造成这一改变的两大原因。我们通常会预测，在一个变暖的世界里，大多数物种的地理分布范围将会朝着极地方向移动。许多案例确实也证实了这种判断。但是有一些物种却反其道而行，朝着"错误"的方向移动。究其原因，我们仍一无所知。鉴于过往的惨痛经历，我们已经知道，在缺乏细致研究的情况下，随意地将生物从一个大陆转移至另一个大陆是一个严重的错误。但我们仍旧放任花店和宠物店售卖那些一旦逃逸就可能酿成大祸的臭名昭著的有害物种。事实上，我们人类已经掌握了足够多的知识，完全可以做得更好。

第二章

种群不能无限增长

本章重点

- 种群会增长也会下降，但由于许多限制因子的存在，种群不会无限增长。很少有种群能一直保持不变，有些种群甚至会不断下降直至灭绝。
- 生态学家的工作就是让有害物种的种群停止增长，让受胁物种的种群停止下降。要想实现这个目标，并没有放之四海而皆准的方法，细致的研究工作是必需的。
- 人口也不例外于这项生态学准则，只有为人口发展制定具有前瞻性的详细规划或者出现不幸的灾难，才能停止人口的增长。

　　人们总是期望生物世界处在一个平衡的状态，动植物的种群每年变化不大。当人们确实观察到诸如蝗灾或疟疾爆发这样的生物数量剧增时，他们倾向于通过迷信的手段或者用上帝的诅咒来解释这类事件。在查尔斯·达尔文（Charles Darwin）之前就有许多作者已经认识到种群动态变化的本质，他们中的一些人还试图找出引起蝗虫或鼠类前一年常见、后一年几乎消失的生态学解释。在过去的一个世纪里，生态学家们意识到，一旦深入分析所调查的细节，就会发现动植物种群的大小会因为各种原因剧烈地增加或减少。人们意识到，"大自然总是处于平衡状态"这一简单的想法其实是错误的。寻找一种能够更加全面地解释自然界种群变化的原因，正是本章的主题。

世界是有限的，因此没有什么事物能够不受限制地肆意增长，这其实并不令人感到诧异。如果种群数量长期受到限制，那么究竟是什么阻止了种群的增长呢？这个问题的另一面，对保护生物学家们尤为重要，那就是：究竟是什么因素使数量充盈的种群突然下降乃至灭绝呢？要回答这些问题，生态学家将种群变化拆分为四个组成部分或者说过程，即出生、死亡、迁入和迁出。

两个过程将增加动物或植物的数量以构成种群：繁殖和迁入。繁殖，能够通过出生和产生种子的方式使种群数量增加；而迁入则是指通过移动的方式将个体添加到种群中。而死亡和迁出则是繁殖和迁入的相反面，这两个过程会从种群中移除生命。如果我们想找出一个种群增加或减少的原因，那么我们可以将这个问题简化成一个判断，即在这四个过程中的哪一个发生了改变，从而引起种群的增加或崩溃。所有的种群都受到自然调控的影响，从长期而言，自然调控平衡着出生、死亡、迁入和迁出，所以种群大小能基本保持不变。但是相反的是，从短期而言，我们几乎看不到任何关于平衡的证据。某一年冬天常见的鸟类，到了下一年可能很罕见。某一年夏天扰人的花园害虫，到了下一年可能难觅踪迹。当我们仔细寻找时，"自然的平衡"似乎便消失匿迹了。一旦我们发现波动在自然种群中十分常见，最初的那种自然平衡的理论就不得不被新观念替换。在这一过程中，生态学家已经揭示了许多关于种群变化的有趣模型。

对出生、死亡、迁入和迁出的整理是种群分析的起始，而进一步寻找出环境中控制这些过程的因素则是种群分析的下一步。在种群分析中，人们通常会具体分析以下四大类因素：天气，资源（动物的食物或植物的营养物），其他生物（捕食者、竞争者或寄生者），以及一个适合生存的生境或地点。

塞伦盖蒂的有蹄类动物

东非的塞伦盖蒂地区滋养着种类繁多的大型哺乳动物，这使得这片区域成为全球著名的旅游胜地。这里有象、非洲狮、角马、犀牛、长颈鹿、斑马、羚羊和鬣狗——动物名单其实远不止这些，更不用说有包括 34 种猛禽和 6 种兀鹫在内的 500 种鸟类了。塞伦盖蒂是具有全球意义的世界遗产。角马迁徙是这一区域最壮观的景象之一。为了追逐因降水而产生的茂盛草场，150 万只动物组成壮观的兽群从北向南进行季节性迁徙。图 2.1 展现了 1957 至 2009 年间，塞伦盖蒂的斑纹角马（*Connochaetes taurinus*）、平原斑马（*Equus quagga*）以及汤姆森瞪羚（*Eudorcas thomsonii*）的种群发展历史。

塞伦盖蒂的角马曾于 1977 年达到种群数量的最大值，此后其种群数量一直在 130 万至 140 万只之间波动。20 世纪 90 年代初，

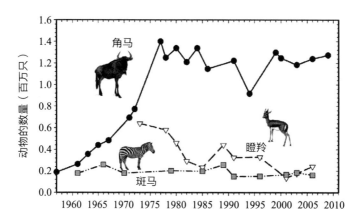

图 2.1　1957—2009 年东非塞伦盖蒂地区角马（圆形）、斑马（正方形）、瞪羚（三角形）的迁徙种群大小变化。（数据由 A .R.E. Sinclair 友情提供。）

一场严重的干旱导致角马因饥饿而出现大规模死亡，它们的种群数量直至 2000 年才得以恢复。生态学家们不禁要问，是什么阻止了图 2.1 中所示的角马种群的进一步增长？其中的答案涉及两个因素：食物供应与被捕食。角马其实同时存在迁徙种群和不迁徙种群。其中迁徙种群的规模远大于不迁徙种群。由图 2.1 可知，角马的迁徙种群可以通过避免被捕食而达到较高的种群数量。通过远离不进行迁徙的非洲狮（具有固定的领域），迁徙的角马有效地远离了捕食者，从而使自己的种群只受食物供给的限制，而这有利于稳定种群大小。偶发的干旱会抑制草类生长，从而导致食物短缺，在此期间大量角马将会忍受饥饿，直至雨水回归，它们的种群才会再次逐步恢复。不迁徙角马的种群则更多地受非洲狮等捕食者的调控，同时它们的种群密度也远低于迁徙的种群，所以它们很少会耗尽自己的食物供给（Fryxell 等，1988）。

森林昆虫的大爆发

并非所有的动物种群都能像角马那样数量稳定，接下来是一个种群数量呈周期性波动的案例，来自一种森林昆虫。加州夜蛾（*Malacosoma californicum pluviale*）会在树枝上产下大量的卵并形成卵块，它们的幼虫会集群生活在丝状的网幕中。加州夜蛾一年发生一代，以卵越冬。仲夏时节，成熟的幼虫会掉落至地面，入土化蛹，并在几周后变为成虫。它们的成虫不进食，唯一的任务便是产卵繁殖出下一代。

每隔 8 到 9 年，加州夜蛾的种群密度就会出现一次峰值（图2.2）。对于加州夜蛾而言，它们的种群上升阶段（即种群数量从开始增长至到达峰值的阶段）一般持续 4 至 6 年，而种群下降阶段则为 3 至 4 年。这就是它们的种群循环规律。

寄生性天敌昆虫和病毒性疾病是造成加州夜蛾大量死亡的两种因素。虽然同样属于捕食者，但寄生性天敌昆虫与捕食加州夜蛾的脊椎动物略有不同。寄生性天敌昆虫会在加州夜蛾的幼虫或蛹内产卵，卵在寄主体内孵化，在整个幼虫阶段都以摄取寄主营养物的方式来维持生长，而当它们变为自由生活的成虫时，它们的寄主已经死亡。有好几种寄生性天敌昆虫都能杀死加州夜蛾的幼虫。诸如鼩鼱等一些脊椎动物捕食者则会捕食加州夜蛾的蛹。寄生性天敌昆虫通常会使加州夜蛾在种群循环的下降阶段和种群数量较低的阶段产生多变的死亡率。病毒感染，是引起夜蛾死亡的第二个也是更为重要的原因，使得加州夜蛾的种群下降（图2.2）。

加州夜蛾除了死亡率会发生变化外，产卵能力、成虫的体型大

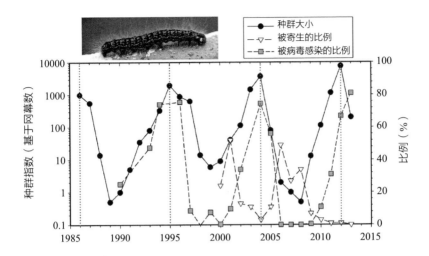

图 2.2　1986—2013 年不列颠哥伦比亚的加里亚诺岛的加州夜蛾种群变化。种群指数（黑色圆形）显示出一个 8—9 年的循环。被寄生的加州夜蛾的比例（三角形）时而上升，时而下降。当其种群数量相对较低的时候，被寄生的比例会达到最大值。相比之下，我们发现，加州夜蛾幼虫被核型多角体病毒（正方形）感染的比例峰值出现在它们种群数量最多的时候，而在它们种群数量极少时，病毒感染比例则直降至接近零点。（数据来源：Myers and Cory，2013。）

小以及健康状况也随着种群密度发生改变。因为每只在树枝上产卵的雌蛾都会产生一个单独的卵块，所以当它们产卵完毕，人们可以通过收集卵块进行数量统计。基于此，人们发现，加州夜蛾的繁殖峰值恰巧与密度峰值同时出现，或在密度峰值出现前出现，而在之后几个世代，它们的繁殖峰值会持续下降，所以加州夜蛾的繁殖循环与密度循环呈现同步状态。有两种假说可能能够解释它们繁殖力下降的原因：（a）食物资源的限制；（b）加州夜蛾在幼虫末期被病毒感染但仅达到了亚致死程度。尽管这样的感染没有杀死作为寄主的加州夜蛾，但却使其生长变缓，进食减少，生命力也因此降低。

不过基于现有的证据，我们还不确定食物短缺与亚致死感染是否是造成加州夜蛾卵数量下降的主要原因。在影响加州夜蛾年际种群变化速率的变量中，繁殖力只能占到 30% 左右。因此，人们应该综合考虑这类有害昆虫的死亡率和繁殖力，避免它们的种群无限增长（图 2.3）。

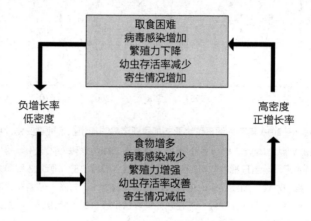

图 2.3　抑制加州夜蛾数量增长并使其数量发生周期性变化的因子。（来源：Myers and Cory，2013。）

狩猎鸟类的种群周期

在一些狩猎鸟类中，种群也会呈现周期性的变化。其中，生活在苏格兰的柳雷鸟（*Lagopus lagopus scotica*）的种群变化周期长达 7 到 8 年。在英国，柳雷鸟是一种重要的狩猎鸟类，能为苏格兰的庄园带来可观的收入。来自许多这类庄园的数据为我们描绘了柳雷鸟数量的大幅度周期性波动（图 2.4）。为了寻找这些种群波动的原因，同时也为了给柳雷鸟数量的保持和提升提供保护建议，科学家们于 1956 年启动了一项研究。柳雷鸟生活在苏格兰、英格兰北部以及爱尔兰的广袤荒野上。它们几乎只以一种植物——帚石楠（*Calluna vulgaris*）为食。柳雷鸟并不迁徙，它们终生生活在荒野上的一小块区域内。柳雷鸟的全年生活可以分为两部分：4 月至 8 月的繁殖期，这期间它们的种群会出现增长；从秋天开始至来年开春的繁殖季之前的越冬期，这期间它们的种群会出现损耗。

柳雷鸟——苏格兰

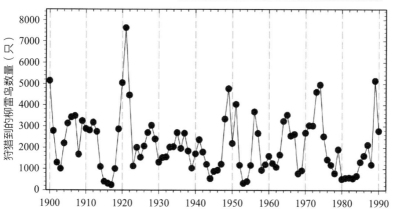

图 2.4　1900—1990 年的狩猎季节期间，苏格兰东部 175 号荒野，通过狩猎到的柳雷鸟数量来反映的柳雷鸟种群丰度 ① 变化。在这段时间内，此种群的数量呈现出强烈的周期性，平均周期长度为 8 年。（数据来源：Haydon et al., 2002。图片版权来源：Derek McGinn。）

---

① 在生态学中，丰度（abundance）特指群落或生境中同一物种数量的多或少。当然，生态学界 abundance 一词的译法较多，也有人译作"多度"或"丰富度"。——译者注

柳雷鸟种群的越冬损耗通常发生在两个时段。首先在秋季出现数量骤降，随后冬季数量保持稳定，直至春季再次出现骤降。领域行为导致了这两次急剧变化。秋季，柳雷鸟的家庭群因幼鸟间出现的攻击行为而解散，并形成两个社会等级。领域的拥有者会守卫荒野上的一片特定区域，驱赶所有侵犯者，而更年轻的雄鸟则试图取代前一年的领域拥有者。无法得到领域的鸟将无法在来年春天参与繁殖，并且会被迫长时间居留在几乎不长帚石楠的边缘生境。这些因社会系统排斥而无法参与繁殖的鸟会聚集成群，成为"过剩"之鸟。大多数被天敌捕食的正是来自这些过剩鸟群中的个体。如果领域拥有者在秋冬季不幸被杀，那么它很快就会被其中一只过剩之鸟替代。

柳雷鸟种群的第二个剧烈变化发生在春天，并随着繁殖季的到来而逐渐受到领域行为的调控。当柳雷鸟具有强攻击性，并占据较大的领域时，柳雷鸟的整体种群数量会减少或维持在较低水平。当柳雷鸟攻击性减弱、领域面积变小时，柳雷鸟的整体种群数量会增加并维持在较高水平。究竟是什么因素决定了雄性柳雷鸟的攻击性？又是什么因素决定了它所占领域的大小呢？其实这牵涉两项因素。首先，雌性亲鸟可获得的食物直接影响其后代的攻击性。那些食用高质量食物的雌性亲鸟，其后代的攻击性更小，并且占据的领域面积更小。其次，攻击性还具有遗传性，攻击性强的雄鸟产生攻击性强的后代。

营养情况也强烈影响着柳雷鸟的繁殖成功率。在人工施以氮磷肥的荒野上生长的帚石楠富含更多的蛋白质和矿物质。与生活在营养较贫乏的帚石楠荒野上的雌鸟相比，以这种高营养的帚石楠为食的雌鸟将繁育出两倍数量的幼鸟。良好的营养条件从两个方面提升了柳雷鸟的种群——首先是提高了幼鸟的数量，其次是通过降低柳雷鸟的攻击性而减少了它们的领域面积。

柳雷鸟的食物几乎全是帚石楠，并且它们取食时非常挑剔。一旦条件允许，它们会偏爱第三年帚石楠植株的新芽。帚石楠的营养含量比可取食的帚石楠植株数量更为重要。如果植株过老，或者土壤过于贫瘠，即使荒野上覆盖着大量绿色的帚石楠，对柳雷鸟而言也是不够的。通过对柳雷鸟的研究，科学家们给予苏格兰土地拥有者的建议之一就是通过控制性的火烧来提高帚石楠的营养。每12—15年，当地就应该焚烧一片帚石楠，因为此时的帚石楠植株已经长得过高，不再适合柳雷鸟取食。焚烧后的帚石楠能快速再生，并且新生植株的嫩芽营养丰富，从而提升了整片帚石楠的营养水平。焚烧后的数年间，柳雷鸟种群就可以实现增长。在具体实施中，将焚烧的区域保持在30米宽，将两边能够起到保护鸟巢作用的较老的帚石楠予以保留，只在30米宽度内对长带状的区域实施轮流焚烧，能取得最好的效果。由于每只柳雷鸟的领域内都包含有营巢地以及取食地，所以在焚烧时应该避免大火。

柳雷鸟的种群为什么会产生波动？秋季时狩猎柳雷鸟几乎不会对其种群数量产生影响，而人们通常认为的过度狩猎会造成柳雷鸟种群波动，其实并不正确。每年秋季柳雷鸟种群都存在大量过剩，那些在秋季被猎杀的个体即使不被捕杀，通常也都熬不过冬季，同时柳雷鸟的繁殖种群并没有因为狩猎而减少。如果捕猎者射杀了一只拥有领域的个体，那么就会有一只来自过剩群体的个体接管它的领域。

一个健康的柳雷鸟种群的维持（图 2.4），很大程度上要归功于良好的生境管理，以及防止绵羊过度啃食荒野。绵羊也会啃食帚石楠，因此会与柳雷鸟形成食物竞争。在实施适度焚烧和采取更健康管理方式的荒野上，虽然柳雷鸟的数量也存在波动，但是其最终种群数量会达到一个较高的水平。营养与领域行为相互作用，共同限制着柳雷鸟的种群变化。

亲缘关系也会对柳雷鸟的领域行为产生作用——若亲缘关系近，则和睦共处；若无亲缘关系，则恶颜相向。这一理论可通过实验在自然种群中进行论证，即改变亲缘结构，将部分个体从它们的亲属中移除。这一假说的预测结果是，紧密的亲缘关系有助于种群增长，之后愈发拥挤的空间开始对数量产生限制，随之而来的是个体的攻击性迅速提升，之后部分个体向外迁移或死亡，最终导致亲缘关系下降。Piertney 等人（2008）通过在 140 公顷的帚石楠荒野上划出所有柳雷鸟的领域，并运用 DNA 序列识别具有亲缘关系的个体，从而确定了整片区域内柳雷鸟的亲缘结构。研究所得到的结果支持亲缘假说，这也是引起柳雷鸟种群波动的一个重要原因。

要想将柳雷鸟的密度维持在一个较高的水平，就需要对荒野实施适当的生境管理。第二次世界大战期间缺乏管理，导致了柳雷鸟整体数量的下降。然而，即使在适宜的荒野生境中，由于其社群结构存在持续变化，柳雷鸟的种群仍然会每 7—9 年出现一次波动。虽然捕食和狩猎会直接杀死柳雷鸟，但这些因素并不是柳雷鸟种群波动的主要驱动力。

种群增长的普遍模型

指数增长模型是关于种群增长的最简单的数学模型。在这一模型中，种群数量以恒定速率持续增长，就像保持有稳定利率的储蓄账户一样。但是，正如我们在角马与加州夜蛾案例中所看到的，无止境的种群增长在生物学上是不可能的，因此科学家们通过给增长设定上限的方法修正了指数增长，从而产生出一条当种群达到某一丰度时会呈下降状态的 S 形的增长曲线。这个简单模型的背后隐含了这样一个观念，即随着种群密度的增加，限制因子的作用也会变得越来越重要。生态学家的工作之一便是寻找这些抑制种群增长的限制因子。

许多生态因子会促使种群增长或导致种群崩溃，食物短缺、捕食、疾病、寄生物、天气是其中最主要的因子。种群停止增长的原因可能由以上各因子综合而来，生态学家并不指望找到一个通用的理论来解释每个案例中特定种群停止增长或下降的原因。我们需要单独调查每一个案例，然后为特定生物类群的种群变化总结出普泛化的规律。目前，人们正在形成对部分生物类群种群变化所涉及因子的共识。

象、鲸类、角马、狮、熊、虎之类的大型植食和肉食动物，它们的种群增长尤其受到食物供给的限制。对于这些物种而言，除了人类这个特例，自然界中其实没有相应的捕食者能大到影响其种群增长。尽管疾病或恶劣天气会严重损害许多物种的种群，但是在大多数情况下，它们只能对种群产生暂时性的限制。正如我们在塞伦盖蒂的角马种群上所看到的那样，在繁殖增多的情况下，种群数量很快就能够恢复。只有当以上这些大型动物中的任何一种遭遇了能够有效捕食它们幼崽的捕食者时，捕食才有可能成为一项重要的限制因子。所有捕食者都只能捕食一定大小的猎物，只有那些大小合适的猎物才能使捕食者实现有效取食。这就意味着，像狐狸这样的物种可以依靠捕食鼠类而存活，而狼就不行。

相比之下，诸如鼠类、鸟类等小型植食动物则拥有更多的限制因子。这些动物大多是领域性的，正如我们在柳雷鸟的案例中看到的那样，它们所具有的领域性可能会在本地尺度上限制种群增长。[①]但是在更大尺度上，食物供给或捕食者，两者之一也有可能成为限制因子。像荒漠这样环境条件高度变化的区域，小型生物常常受到降雨或气温的限制影响，这种影响通常以食物供给的形式表现出来。小型植食动物经常受到捕食、食物短缺和社群干扰[②]等综合因素的限制。被引入澳大利亚的欧洲穴兔所进入的就是一个缺乏有效捕食者的生态系统，它们占领了乡村旷野，只有干旱所造成的食物短缺，以及它们从未遭遇过的疾病，才能限制住它们的种群数量（Saunders 等，2010）。所有这些理论概括的关键在于"细节决定成败"，通过与实验操作相结合的量化数据，我们才能知道重要限制因子会出现在生态过程的哪一阶段。目前大多数研究都聚焦于供给与捕食对动物的影响，以及营养与放牧对植物的影响，但我们对于

---

① 作者的意思是，对于终生生活在苏格兰荒野上的某一小块区域内的柳雷鸟而言，这种区域范围就属于本地尺度（a local scale）。——译者注

② 社群干扰（social interference），指物种由于共同资源短缺而引起种群内部的竞争。——译者注

疾病和寄生对种群变化的作用却知之甚少。事实上，所有的环境因子都值得好好研究。

植物种群动态

与动物相比，在植物研究领域进行的长期统计十分匮乏。几乎找不到有关树木这样长寿命植物的数据，其他那些一年生植物的种群大小甚至直接会依据发芽数和种子产生量来测算。Hutchings（2010）所开展的一项关于地蜂兰（*Ophrys sphegodes*）的研究被认为是关于植物种群的长期研究中最成功的案例，这种罕见的兰花生长在英格兰东南部的卡斯尔山国家自然保护区（Castle Hill National Nature Reserve）的白垩土草地上。在长达 32 年的时间里，研究人员每年都会在秋季进行固定样方内的植株数量的计数，并且其中所有的植株都被定位标记。地蜂兰属于珍稀植物，建立这个保护区就是为了保护此处这一大片地蜂兰种群。这项研究从 1975 年持续至 2006 年，其间还历经了两段不同阶段的土地管理模式，首先是牧牛的阶段（1975—1979），之后是牧羊的阶段（1980—2006）。

地蜂兰是一种生长在白垩土和石灰岩草地上的欧洲兰花，它们具有块茎，寿命较短。每年 9 月至 10 月，地蜂兰会长出莲座状的叶子，并在来年春天开花。它们的花期从 4 月末一直持续到 5 月底。每年都有一些植株处于休眠状态，而另一些则萌芽生长。在大多数年份，只有大约 10% 的植株能够产生种子。近年来，这种兰花在英国的地理分布范围缩减了 80%，所以它们目前是受保护的物种。

图 2.5 显示了 1975 年至 2006 年间地蜂兰的数量变化。牧牛的

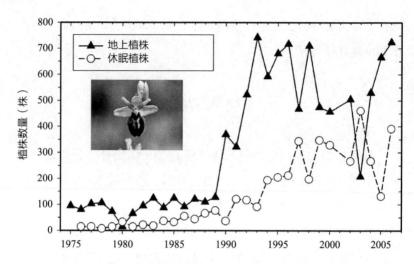

图 2.5 1975—2006 年，在英格兰东南部的一块 20 米 × 20 米的永久样方内，生长与休眠的地蜂兰的数量变化情况。在研究区域，牧牛的阶段是 1975—1979 年，之后为牧羊的阶段。（数据来源：Hutchings，2010，fig.1a。）

阶段对地蜂兰有害，它们的种群数量直到引入羊后才开始恢复。与羊相比，牛对生境及植被的机械破坏程度更大，会导致兰花种群的高死亡率及低恢复率。在这些草地上，适度的放牧对于保护兰花至关重要。放牧行为能够使地蜂兰避免与侵占能力更强的植物和长得更高的植物进行竞争。

1989 年后兰花的快速增长被解释为植物对 1980 年引入羊群放牧的一种滞后响应。随着植株数量的增加，休眠植株的数量也随之增加，甚至有 30% 的植株维持了 2—4 年的休眠期。在保持高密度种群到了 1993 年后，地蜂兰的死亡率开始增加，最终导致它们的种群下降至 400 平方米样地约 750 株。

这些兰花中的大多数仅有一年的短暂存活时间，少部分个体能够存活 20 多年之久，但大多数还是在露出地表后的第一年内就死去了。气温高的年份，它们的死亡率也随之增加。经过 32 年的研究，科学家们发现，地蜂兰的开花高峰期已经从 5 月底提前至 5 月初，变化幅度约 15 天，而这一变化可能与气候变暖有关。持续的气候变化可能影响到对这种珍稀兰花的保护，而它的存活建立在与牧牛或牧羊相联系的持续干扰上。高密度种群个体之间对空间的竞争，限制了这种兰花的种群增长，所以许多植株会选择休眠而不开花。同时，尤以气温为代表的气候因素也会限制兰花种群的生长。

人口增长

如果说自然界的植物、动物和微生物种群时而上升时而下降，但从来都不会无限增长的话，那么如今最突出的例外似乎就是人类的种群——人口了。图 2.6 显示了自 1500 年以来人口的增长情况，以及有关从 2000 年到 2100 年人口走势的三种人口预测。在 2015 年，地球上已经有约 73 亿人。如果我们接受种群不能够无限增长的事实，那么我们就应该思考在出生、死亡、迁入和迁出四个过程中，哪一个能对人口的增长起到限制作用。对人类而言，迁入和迁出这两个自然过程仅能够在某一区域范围内控制人口数量，但无法在全球范围内发挥作用。因此，留给我们的只剩下繁殖和死亡了。

回顾过去 5 万年，在其中的大部分时间里，人类都属于地球上的一个"稀有"物种。人口一再增长，但又因为饥饿、疾病、气候

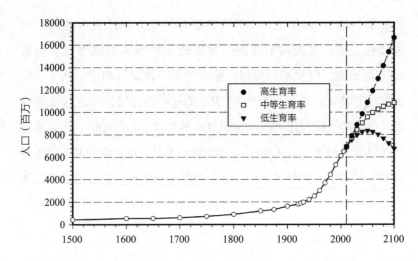

图 2.6 地球上自 1500 年起的人口情况，以及根据生育率做出的有关从 2000 年到 2100 年人口发展趋势的三种预测。高生育率指平均每位妇女生育 2.35 个小孩，中等生育率指平均每位妇女生育 1.85 个小孩，低生育率指平均每位妇女生育 1.35 个小孩。（来源：United States，2013。）

灾难等因素而一再回落，更极端的还有局部和区域战争所造成的自相残杀。当上述情况发生时，每年的平均人口增长甚至不足 0.01%。以埃及为例，公元 1000 年与公元前 2500 年的人口数量几乎一样。在过去一千年间，农业、公共卫生、住房方面的进步缓慢以及社会福利的下降，使得全球人口只呈现出缓慢的螺旋式增长，但在过去的 100 年间，情况发生了变化，全球人口呈现迅猛增长的态势。

事实上，人口也不应该无限增长。大多数人认可这一基本事实，于是问题就落在了人口将如何以及何时停止增长上。人类与其他生物不同，在不依赖饥荒、疾病等自然机制，或者侵略战争去实现人口平衡的前提下，我们是具有强行控制人口的能力的。

为了使地球上的人口保持稳定，我们必须做到出生率和死亡率的平衡。记录出生和死亡最简单的方法就是记录每1000人中每年的出生数和死亡数。要达到一个稳定的人口，有两种不同的方法：要么维持较低且相等的出生率和死亡率，要么维持较高且相等的出生率和死亡率。

过去200年间，医疗水平的进步已经使人类的死亡率下降至一个较低的水平，对于许多贫穷国家来说，他们的死亡率甚至可以在未来降到更低，而对于许多其他国家来说，他们的死亡率已经下降到相当低的水平了。所以问题来了：如何才能达到低出生率呢？总的来说，平均每位女性生育2.1个子女只是维持了人口更替水平。如图2.7所显示，全世界的人口出生率都呈现下降态势，而且许多国家的人口出生率甚至已经略低于每位女性生育2.1个子女的人口更替水平。出生率的变化趋势是令人鼓舞的，如果出生率持续下降，那么在接下来的100年里，地球上的人口总数将有可能趋于稳定或者略有下降。

接下来的一个关键问题是，地球究竟能够承载多少人？为了估计地球对人类的承载力，人们已经使用过为数众多的方法。其中，生态足迹是一个很有前景的方法，这个方法承认人类的发展存在多种限制，因为我们需要食物、燃料、木材、水，以及像衣物和交通这样的其他便利设施。如果我们将所有需要的事物都转化为支持每一项活动所需的土地量，并将所有需求求和，那么我们就能知道在一个特定地区还有多少可获得的土地以及还有多少土地能被人类使用。但是这一方法同样存在局限，因为很难将能量需求直接转换为土地面积，除此之外，人类对水的需求可能比对土地的需求更紧

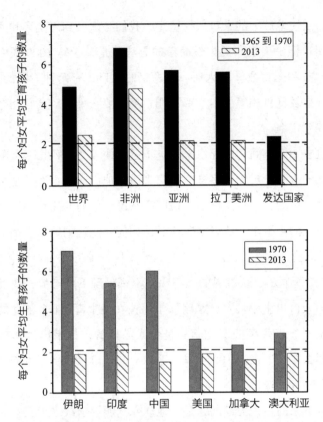

图 2.7 在世界不同区域和一些代表性国家，1965—1970 年间和 2013 年，每位女性生育孩子的数量变化情况。（来源：Population Reference Bureau，2013。）

迫。生态足迹是反映地球承载力的一个指标，它能识别哪些国家出现了生态赤字，哪些国家享有生态盈余。2014 年地球作为一个整体被判定出现了轻微的生态赤字。其中，澳大利亚、加拿大、新西兰、瑞典、挪威这些国家的生态承载力大于实际使用量。与它们相反，美国、英国、中国、印度和许多欧洲大陆国家所使用的资源大于他们所拥有的。如果我们将生态足迹看作是一个银行账户，那么我们就可以将这个问题理解为花费的资金超过了存入的资金。这绝不是可持续发展的长久之计。

其他一些反映人类对地球的影响的指数被用来量化水资源使用、生物多样性丧失、土地退化等具体内容。所有这些都指向同一个方向，即目前地球上人口的规模和影响是不可持续的。人们一旦花光银行账户里的资金就会陷入债务，我们也可以对地球上的自然资源做出相同的事，但这绝非明智之举。我们应该将地球看作是一次长期的投资，而不是准备抛售的资产。

本章小结

种群无法无限增长这一普泛化的规律可能被视为生态学中的一条定律，它承认了"地球是有限的"这一基本事实。生态学家的工作就是要找出在出生、死亡、迁移等过程中，哪一个过程限制了植物、动物和微生物的生长，并在这一框架下判断是哪种生态因子造成了变化。目前，大部分研究聚焦于捕食与寄生，食物供给和植物营养，以及气候这些能够抑制种群增长的关键因子。但是，人们逐渐认识到社会层面和基因层面的因素正成为一些物种的重要限制因子，并已经在着手开展大量有关疾病的研究。景观尺度的因素也能对种群的增长产生其他方面的限制，在下一章里，我们将探索更多有关这一问题的细节。

第三章

每个物种都存在适宜和不适宜的栖息地

- 对于珍稀和濒危的物种而言，我们需要找到并调整限制因子，从而将不利的生境转变为适宜的生境。对于有害生物而言，我们的期望正相反，要将适宜的生境转变为不利的生境。
- 生物防治是治理入侵有害物种的一个方法，它能够有效运转，但如果我们没能找到有害物种的致命弱点，生物防治的运转也可能完全失败。
- 许多来自博物学的案例告诉我们，对于每一个物种而言，什么样的生境是最适宜的，但是我们却很少知道其中的确切原因。如果一个物种的生存开始受到威胁，那么这方面知识的缺乏就会事关重大。

认识一位高水平的博物学家绝对是一种令人大受启发的体验。他或她知道去哪里寻找北美黄林莺或者一种稀有的兰花，甚至知道钓到虹鳟的绝佳地点。几个世纪以来，博物学家深知，大自然就像一幅美丽的织锦，上面镶嵌着各种适宜于或不适宜于任何特定的动植物种群的生境，而现在生态学家则想要知道我们如何测量那些使一处生境好而另一处生境差的特征。基于两个实际的原因，生态学家试图弄清为什么一个生境会优于另一个。第一个是为了物种保护项目，物种保护项目通常被划分为两个部分——拯救濒危物种和保护已有物种。只有当我们了解到适宜生境包含什么时，我们才能有效地保护驯鹿和白鲸那样的惹人喜爱的物种。第二个是为了有害物种控制项目，它的运作与物种保护项目正好相反——当前，生态学家正努力让有害物种的生境变得不再适宜于它，而只有了解了这些物种的生态需求，我们才能达成这一目标。在每个案例中，我们都在寻找这些物种的要害，也就是在这些物种的生态需求中，能够被控制或操纵的最弱的那一部分。

每一个动植物物种都受到所有环境因子——天气、营养物、水、其他物种和隐蔽场所——的影响。正如第一章所述，只有当所有这些限制因子至少在一年的部分时段都适宜时，一个物种才能够在一个区域持续生存。一个物种要想茁壮成长，它的生态需求链上的所有环节都必须完备。生态学家意识到，在目前的情况下完整描述整个环境需求链是不可能的，所以他们总是试图找出这条链上的薄弱环节。任何环境因子都有可能造成薄弱环节的出现。

有害生物的生物防治

多年以来，人们通过生物防治的方法来降低被引入的有害生物的丰度及影响。具体的做法包括：引入捕食者、寄生物或疾病，对农作物或有害生物进行基因调控，绝育，以及使用信息素作为性引诱剂来干扰交配。生物防治的许多成功案例已经广为人知，但也有许多失败的案例。在那些成功的案例中，人们通过找到有害生物的弱点，使它们的生境由好变坏。

铺散矢车菊（*Centaurea diffusa*）作为一种具有严重危害的杂草，原产于欧亚大陆，于 20 世纪初被引入北美洲。自引入后，它便开始在加拿大西部和美国的牧场扩散，分布面积已经扩大到一百万公顷。铺散矢车菊是一种地上部分存活时间较短的多年生植物，它们的种子会因为降雨而在春季与秋季萌发。当莲座状的叶片在春季生长到一定大小后，铺散矢车菊便会在五六月份开花，或者以莲座状叶片的形式保持不育的状态，直到下一年。由于铺散矢车菊不仅不受牛的待见，还会替代牧场上的其他牧草，所以它是一种严重的牧场杂草。从 1970 年开始，人们曾引入了 12 种昆虫用于铺散矢车菊的生物控制，其中有 10 种已成功定居。不仅如此，这 10 种中的 4 种目前已广泛分布并数量众多（Myers 等，2009）。

对铺散矢车菊的成功生物防治进程却十分缓慢，耗费了 30 年之久（图 3.1）。最先引入的 3 种防治生物能大规模降低铺散矢车菊的种子产量，却无法杀死其植株或降低其植株密度。对许多野草来说，降低种子数量这一办法效率较低，因为种子的产量是巨大的，即使 90% 的种子都被销毁，优质的种子库仍旧屹立不倒。最终有

效达到防治目的的是一种象甲（*Larinus minutus*），它们于 1996 至
1999 年间被首次引入，并扩散至许多地方。这种甲虫取食铺散矢
车菊的叶、茎和芽，它们的取食破坏可导致植株死亡，这在干燥的
盛夏效果尤其突出。

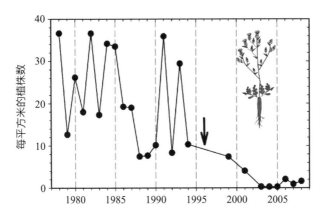

图 3.1 1978 至 2008 年，加拿大不列颠哥伦比亚白湖，铺散矢车菊开花植株的平均
密度。20 世纪 70 年代至 80 年代引入的三种生物防治物种在引入地的种群数量增长
得很明显，但未能降低铺散矢车菊的植株密度。于 20 世纪 90 年代末引入的象甲却
在控制铺散矢车菊方面发挥了显著的效果。（来源：Myers et al., 2009。）

　　1999 年后，在干燥的不列颠哥伦比亚腹地，铺散矢车菊密度
大幅下降。曾经矢车菊为患的许多地点和道路两边，如今的植株密
度都下降了。象甲所带来的生物防治的成功还跨越了不列颠哥伦比
亚腹地，延伸到美国的蒙大拿州和科罗拉多州。这是人们通过引
入生物防治物种，使有害生物的适宜生境变成不适宜生境的良好
案例。

　　反之，也有很多将相对不适宜的生境进行优化后，实现种群增长的案例。北美洲的小雪雁（*Chen caerulescens*）就是一个名噪一时的案例。这种雁属于迁徙鸟类，夏季飞到加拿大和阿拉斯加北部的苔原筑巢，冬季南迁至美国南部和墨西哥北部越冬。从大约1970年到2000年，小雪雁的种群增长速度都保持在每年5%—7%，而2000年之后它们的种群增长速率则减缓到每年2%（图3.2）。小雪雁种群数量的增长与它们在冬季利用农耕地进行取食的增加相一致。直到20世纪40年代末，小雪雁的冬歇地一直是墨西哥湾北部海岸狭长的盐沼带。20世纪50年代它们开始往北迁移，进入得克萨斯州南部的水稻种植区域。一旦离开海岸进入广袤的农田，并以其中的水稻、大豆等农作物为食，原本存在于海岸越冬地的食物限制就不复存在了，小雪雁的存活率随即提升了，种群也开始壮大。

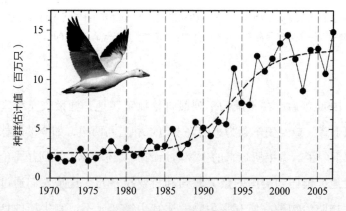

图 3.2　1970—2006 年，北美洲小雪雁的种群变化情况。（来源：Alisauskas et al., 2011。）

　　从 20 世纪 80 年代时起，小雪雁种群的日益增长就已经对它们在加拿大北部的营巢地产生了剧烈影响。它们在早春翻掘土壤取食植物根部的行为，破坏了哈得逊湾的大片滨海沼泽。不仅如此，野生动物管理者开始实施计划以期降低雪雁种群，例如在 1989 至 1997 年实施的狩猎季自由化（允许当年 9 月 1 日至次年 3 月 10 日自由狩猎），以及将猎人狩猎捕获量的限制提高到了原先的 3 至 4 倍。然而，雪雁种群仍持续增长，它们所造成的破坏也进一步扩展至迁徙路线沿途的农田区域，以及它们位于苔原中的营巢地。用于降低大陆中段雪雁种群增长的新措施于 1999 年得到落实。这些措施通过一些新的方法增加了对雪雁的捕获量（例如，取消每日捕获量或拥有量的限制，以及允许春季沿迁徙路线开展狩猎）。伴随着狩猎压力的加强，自 1998 年起，每年秋冬季，在美国各州和加拿大各省，猎人们能够收获约 6 万只雪雁，而在春季的自由狩猎中，还能再收获约 3.2 万只（Alisauskas 等，2011）。尽管猎人的狩猎捕获增多了，但仍不足以抑制种群增长。猎人们所捕获的雪雁数量不够，无法稳定雪雁的种群数量，更别说降低其种群数量了。因此，雪雁种群继续增长，并继续破坏美国的农作物和加拿大的苔原营巢地。

　　在雪雁的越冬地，以及雪雁迁徙期间，现代农业的存在消除了雪雁的食物限制。如此，人类便将一个仅能够承载一小群雪雁、维持冬季低存活率的相对较差的生境，改造成了一个能够承载更大种群、维持冬季高存活率的优良生境（Alisauskas 等，2005）。留给野生动物管理者的问题是，如今，雪雁反而被那些公开反对生境破坏的农民和保护主义者视作有害生物。

受胁物种的管理

对于许多种群数量下降、亟须保护的物种而言，除非我们能明确它们的限制因子，否则恢复之路异常艰难。众所周知，栖息地丧失是导致物种数量下降、濒临灭绝的重要因子。然而，问题在于如何在现有的公园和保护区范围内，提高受胁物种的存活率和繁殖率。在所有受胁物种中，鸟类的研究最为深入，以下便是关于另一种鸟的一则案例。

红顶啄木鸟（*Picoides borealis*，图 3.3）是美国东南部原始松林中的一种特有鸟类。由于东南部原始松林大规模丧失与破碎化，红顶啄木鸟于 1973 年被列为濒危物种。当时，它们的种群已经下降至不足 1 万只鸟，并残存在相互隔离的生境碎片中。红顶啄木鸟通常在成熟的长叶松上开凿树洞，并在其中筑巢。

在美国东南部滨海平原和从德州至弗吉尼亚州的山麓外缘区域，长叶松生态系统曾是优势生境。在频繁遭遇火烧（每隔一到三年一次）的情况下，长叶松生态系统中的林下群落拥有全世界各种生态系统中最高的植被多度 ①（每平方米多达 40 种）。由于大面积木材采伐、森林防火和农业开发，长叶松生态系统已严重退化与破碎化，面积大幅下降到欧洲人殖民前的 3%。频繁林火的消失，使得栎属之类的阔叶树成功定殖。这些阔叶树及其掉落的枯枝落叶改变了森林的组成成分，使得适合长叶松的生境逐渐退化。而那些依赖松树生存的物种，例如红顶啄木鸟，则随着阔叶树逐步占据这

---

① 多度（richness）：指特定区域内物种种类的多寡。——译者注

图3.3　目前在美国东南部，受胁物种红顶啄木鸟的数量正在恢复中。（图片版权来源：USFWS and Mark Ramirez。）

片森林而消失了（Costanza 等，2013）。

　　红顶啄木鸟面临着两个问题。生境退化是首要问题，同时也是最关键的问题。在没有林火的情况下，植物演替[①]淘汰了那些适合红顶啄木鸟筑巢的松树。伐木也同样减少了那些最适合红顶啄木鸟

————————

① 植物演替（plant succession）：指随着时间的推移，植物群落中一些物种侵入，另一些物种消失，群落组成和环境向一定方向发生有顺序的变化。——译者注

凿洞繁殖的老年松树。其次，松林转变成了农田的过程，再加上其他林业作业，使得原来的松林生境日趋破碎化，成为一系列孤岛。在这种情况下，红顶啄木鸟必须向外扩散，飞越不适宜生存的地带，才能找到不被阔叶林侵占的松林。

面对这一保护问题，人们已经采取了两项措施。首先，人们将火再次引入林地，对于以往森林管理中的防火政策而言，这是一个逆转。火在土地管理中的使用，使得社会因素的限制变得复杂化，例如实施防火计划的成本和受训人员的短缺。此外，一旦火或烟扩散至居民区，还有可能造成身体健康受损或财产损失。在由保护区、人类居住区和农田相互混杂而成的景观区域（landscapes）中用火尤其受到限制，因为那里正是城市和荒野的交界处。自然形成的频繁火灾似乎才是最有用、最经济的管理技术（Steen 等，2013）。由于松树已经成为日渐稀缺的资源，所以第二种措施是为红顶啄木鸟提供人工巢洞。

第二个问题涉及这种濒危啄木鸟的社群结构问题。其群体由一对繁殖配偶和多至四只几乎均为雄性的帮手组成。这种组合被称为"合作繁殖"。帮手们不参与繁殖，但却协助孵卵和育雏。幼鸟或选择扩散，或选择留下协助繁殖。如果留下来，那么一旦亲鸟死亡，它们就可以继承繁殖地位成为繁殖者。通常情况下，帮手们需要等待多年才能获得繁殖地位。

红顶啄木鸟更倾向于在现有群体中竞争繁殖机会，而不是向外扩散建立新的群体，从保护角度而言，这是一个问题。新建立的群体可能会利用被其他同类所放弃的领域，或者干脆飞往一个新的地点并开凿筑巢所需的树洞。开凿新树洞的难度很高，这是它们更倾向于待在现有群体中的关键因素。通常，开凿一个新的树洞需要花费好几年的时间和精力。因此，红顶啄木鸟会选择在现有领域内展开竞争，而非开辟新的领域。对于红顶啄木鸟而言，它们本身的扩散就很有限，而且即使扩散了，在那些未被占据的松林中，能够用作繁殖的树洞更是稀缺资源。

为了验证这个观点，保护生物学家们选择在北卡罗来纳州20个地点对松树实施人工凿洞。结果十分惊人——其中18个地点被红顶啄木鸟占据，而且它们只在具有人工树洞的区域形成了新的繁殖群体。这项实验清楚地显示，在排除掉树洞缺乏和扩散缺失因素后，其实还存在着大量未被占据的适宜生境（Walters，1991）。在管理这种濒危鸟类时，我们不应仅仅注重降低死亡率，而且还应注重提供适合营巢的树洞。

这些管理行动在保护南卡罗来纳州的萨凡纳河场区 ① 的红顶啄木鸟种群身上得到了运用。通过采取增加适宜营巢的人工树洞，实施合理的林火管理方式，以及转移附近更大种群中的个体等综合措施，这里的啄木鸟种群已经从灭绝边缘拯救了回来。在萨凡纳河场区，红顶啄木鸟从原有的4只个体增加到了99只，种群恢复响应十分明显。如今，美国南部11个州的红顶啄木鸟种群都处于增长态势（http://www.fws.gov/rcwrecovery/）。

红顶啄木鸟的案例很好地证明了，我们可以通过调整林火频率、巢址数量限制等生态条件来优化现有的较差生境（Walters，1991）。

---

① 占地310平方英里，是美国重要的核能源基地。——译者注

疾病作为控制剂

疾病在减少有害生物方面十分有效。有不少案例都显示，有害生物的种群在引入疾病后将急剧下降。很多生物人类欲除之而后快，对人类而言，用以控制有害生物的最有效的疾病通常就是它们从未接触过的疾病。第二章我们已经见识了牛瘟引入非洲后，角马种群得以恢复的案例。另一个案例则有关欧洲穴兔（*Oryctolagus cuniculus*），它们被引入澳大利亚，并成为当地的主要有害生物。

欧洲穴兔于 1859 年被引入澳大利亚，它们的种群密度在随后的 20 年间就达到极高的水平。1950 年初，澳大利亚政府尝试通过释放黏液瘤病毒来减少穴兔的数量。该病毒的原始寄主是南美洲的棉尾兔（*Sylvilagus brasiliensis*）。欧洲穴兔在它的演化史上，从未遭遇过这种病毒。那些吸血的节肢动物，尤其是蚊子和跳蚤，能够通过被欧洲穴兔足部携带的方式被动传播这种病毒。

黏液瘤病毒会导致多发性黏液瘤病，不过这种很少杀死棉尾兔的疾病对于穴兔而言却是高度致命的。在这种病毒被引入澳大利亚后，99% 以上感染了黏液瘤病毒的穴兔都死了。图 3.4 显示了一个地区在人类于 20 世纪 50 年代初期释放了黏液瘤病毒后，穴兔种群数量出现骤降的情况。多发性黏液瘤病同样于 1952 年被引入法国，并随之广泛传播至整个西欧。在英国，99% 的穴兔种群都在 1953—1955 年期间的多发性黏液瘤病第一次大蔓延中被杀死。病原体感染了新的宿主，会普遍引发这种极端的死亡情况。对于人类而言，当被感染的宿主是有害生物时，这种病原体就十分有用。

黏液瘤病毒自从被引入澳大利亚和欧洲，便和穴兔一起不断演

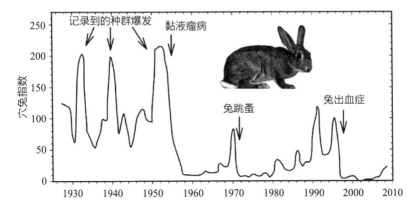

图 3.4　南澳大利亚西北部的欧洲穴兔的丰度变化。黏液瘤病出现前的穴兔种群变化是通过降雨数据重新构建的。黏液瘤病出现后，曾在最初减少了约 90% 的穴兔数量。而穴兔跳蚤的引进再次促进了黏液瘤病的传播。兔出血症则于 1997 年被意外引入。（来源：Saunders et al., 2010。）

化。强毒株逐渐被那些致死率更低或需要更长时间才能致宿主死亡的弱毒株替代。当宿主感染了弱毒株后，它们不会立即死亡，所以可以使病毒实现进一步传播。与此同时，穴兔们也通过自然选择，逐渐提高了对强毒株的抗性。

　　病毒和穴兔之间的变化对于穴兔的种群动态产生了哪些影响呢？在 20 世纪六七十年代，澳大利亚的穴兔种群曾缓慢恢复。1970 年，另一种携带黏液瘤病毒的昆虫——兔跳蚤，被引入澳大利亚，这使得穴兔的种群数量在 20 世纪 70 年代出现了大幅下降。而到了 20 世纪八九十年代时，穴兔的种群数量再次回升。于是，科学家着手开展一项引入新疾病的研究。中国首次报道了这种能够导致兔子患上出血症（RHD）的病毒。这种病毒随即传播到了欧洲，而科学家们将它作为生物控制剂带入澳大利亚进行研究。但这种病毒于 1997 至 1998 年逃逸并蔓延开来，导致穴兔的种群数量又一次骤降。从 2001 年起，欧洲穴兔的数量再次开始缓慢恢复，对许多本土的珍稀植物而言，欧洲穴兔就是有害生物（Saunders 等，2010）。引入的疾病能够对野生动物的种群产生巨大的影响，黏液瘤病毒和兔出血症就是很好的例证，它们将欧洲穴兔的适宜生境变得不适宜。然而正如其他许多有害生物的解决方案一样，由于疾病抗性的进化，问题并未就此解决。将有害生物的数量维持一个稳定的持续下降状态，其实是很难实现的。生物防治并不能一劳永逸地解决问题。

农业化学影响

帝王斑蝶是一种每年从墨西哥北部迁徙至美国和加拿大的标志性蝴蝶。由于它同时也是美国七个州的州蝶，所以拥有相当多的人气。帝王斑蝶在墨西哥的越冬种群估测量自 1994 年起就开始出现持续下降（Brower 等，2012）。保护生物学家们对此自然充满警觉（图 3.5），于是他们开展了一系列关于这些迁徙蝴蝶的繁殖地和越冬地生境退化状况的调查。

帝王斑蝶一年多代，它们在每年春季离开越冬地向北迁徙，前往美国得克萨斯州，以及该州东部和北部的其他州进行繁殖。而在这里繁殖产出的后代则会进一步向北迁徙，进入美国的东半部和加拿大南部。随即便是夏季，在这些地区繁殖的帝王斑蝶又会产生第二代至第三代的更多后代（Pleasants 和 Oberhauser，2013）。8 月中旬后才羽化的成蝶会从夏季的繁殖地迁徙回墨西哥的越冬地，并

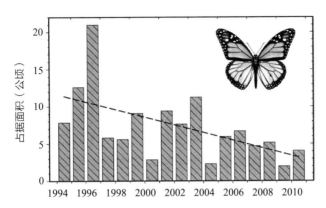

图 3.5　从 1994 年至 2011 年，帝王斑蝶的墨西哥中部越冬地的变化。它们的越冬地以平均每年 0.5 公顷的速率不断减少。（数据来源：Brower et al.，2012。）

一直生活到来年春天。

目前，有三种因素导致了帝王斑蝶的丰度呈现下降趋势：（1）大量的非法伐木，致使帝王斑蝶在墨西哥的重要越冬栖息地丧失和退化；（2）作为帝王斑蝶幼虫主要食物的叙利亚马利筋（*Asclepias syriaca*）的丧失，致使帝王斑蝶在美国繁殖地大幅减少；（3）周期性的极端气候条件。

由帝王斑蝶幼虫的宿主植物——叙利亚马利筋的丧失所引发的帝王斑蝶繁殖率的下降，是导致帝王斑蝶种群下降的最有可能的解释。基于对叙利亚马利筋的强心烯烃酸内酯指纹图谱（cardenolide fingerprints）研究显示，在墨西哥越冬的帝王斑蝶幼虫，有 92% 以叙利亚马利筋为食。Pleasants 和 Oberhauser 的研究（2013）验证了马利筋类植物的短缺造成了帝王斑蝶减少这一观点。他们统计了艾奥瓦州的农业用地和保护用地内 1999 年至 2010 年间的马利筋丰度。在这 12 年间，农业用地内的马利筋丰度下降了 81%，非农业用地内的马利筋丰度下降了31%。由于艾奥瓦州的农业用地大约是非农业用地面积的4倍，所以对帝王斑蝶而言，它们的栖息地面积总体下降了约72%，也就是每年下降了约6%。

关键问题在于，这样的生境丧失究竟如何影响了帝王斑蝶的种群变化。通过计数每一株马利筋上蝴蝶卵的数量，Pleasants 和 Oberhauser（2013）计算出了1999年至2011年间，帝王斑蝶在夏季繁殖地的产卵总量。在这12年间，它们的产卵量下降了约81%。这种繁殖潜力的下降与下一年秋季到达墨西哥的越冬种群的崩溃遥相呼应。如果帝王斑蝶能够在非农业用地区域里残存的马利筋植株上产下更多的卵，那么它们的种群下降也不至于如此严重。但是，它们并没有产下更多的卵。在这项研究中，对非农业生境中每株马利筋植株上卵的计数基本上是持续的。

是什么导致了马利筋的消失呢？这可能就要与农业除草剂的使用联系起来。草甘膦使用率的增加连同抗草甘膦的转基因玉米和大豆种植范围的扩大，与帝王斑蝶数量的下降是同时发生的。人们使用草甘膦去除农田里的杂草，但同时也杀死了马利筋。直到20世纪90年代末人们开始种植抗草甘膦的农作物，草甘膦才被广泛用来控制杂草。从2000年起，草甘膦在农业中的使用才显著增加。

伐木和非法采获树木导致帝王斑蝶在墨西哥的越冬地森林丧失，这是对帝王斑蝶种群数量下降的第二个可能解释。不过在帝王斑蝶的案例中，种群下降最主要还是由夏季繁殖地产卵量的下降所致。其实对于迁徙物种而言，繁殖地和越冬地都应该得到保护。墨西哥目前就正在大力推进帝王斑蝶越冬种群的栖息地保护工作。

帝王斑蝶的种群崩溃，向我们展示了农业上的变化如何强烈地影响了野生动物。在大力改变种植方式前，重要的是尊重并研究它可能带来的影响。但不幸的是，这种教训我们至今仍未领悟。

土壤化学与农业生产

农业为我们提供了许多因土壤的微量营养元素不足而不适合农作物生长的案例。讽刺的是，那些因土壤限制而被我们认为不适合种植农作物的大块土地，其实都留给了国家公园和保护区。农业学家们通过开展大量研究，找到了土壤限制农作物生长的症结，并且在这一过程中，科学家们获得了将作物栖息地从贫瘠转变为良好的能力。

由于澳大利亚是一块土壤侵蚀极其严重的古老大陆，所以这里的大量土壤微量营养元素都不足（Orians 和 Milewski，2007）。在人们开展实验寻找失败原因之前，在澳大利亚低雨量区域种植农作物的大量尝试都以失败告终。这些失败主要是由于澳大利亚的土壤中缺乏微量营养元素——硼、铜、铁、氯、锰、钼和锌。动植物生存过程中其实只需要极少量的这些土壤营养元素，所以它们也常被称为微量元素。澳大利亚的许多本土植物都能够适应在这种只具有极低营养的土壤中生长，但是当农作物被引入后，问题就接踵而至了。全球的旱地生态系统特别容易受到土壤微量营养元素不足的影响，而在一些案例中，它们则受到土壤微量营养元素过剩的影响（Ryan 等，2013）。通过向土壤中添加微量营养元素，可以将贫瘠土壤改良为肥沃土壤，从而更好地种植农作物，许多关于微量营养

元素的农业实验都很好地阐述了这种简单的方法。接下来我们就用
两个例子解释这类全球性的农业问题。

在澳大利亚的旱地种植小麦需要施加氮肥，不过 Lipsett 和
Simpson（1973）发现，施加钼肥也同样对小麦的生长和产量有巨
大的影响。而且在这种特殊的情况下，施加氮肥反而会减少小麦产
量（图 3.6）。

农作物、牧草、园艺树种、蔬菜、人工林以及牲畜在它们生
长过程中所面临的土壤微量营养元素不足的问题，如果没有被人发
现并加以改良，那么现代农业就不可能在世界范围内取得成功的发
展。这些研究大多在 20 世纪完成，许多农业土壤已经被证明处于
低微量营养元素的状态，还有一些则被发现存在经常性的多种微量
营养元素不足。通过添加微量营养元素，大片不毛之地被改良后
用于农业生产；农产品的产量和质量也大幅增长；牲畜的产量也

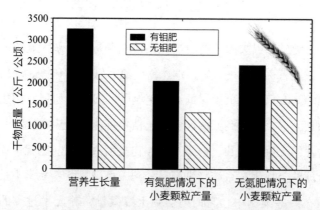

图 3.6 氮肥和钼肥对澳大利亚东南部小麦产量的影响。营养生长量指的是植物的
总生物量，包括茎秆和小麦颗粒。粮食产量仅指收获到的小麦颗粒。（数据来源：
Lipsett and Simpson，1973。）

显著提升。这些研究成果在很大程度上已被纳入全球那些最好的农业操作实践，并且在农作物生产领域引发了全球性的土壤改良实验。

　　放观全球，在所有土壤微量营养元素中，就缺乏的土壤面积而言，锌和硼是最重要的，它们已严重限制农作物的产量。例如在巴基斯坦，人们已经确认了在种植小麦、棉花和水稻的土壤中存在锌和硼的不足，这种情况已经导致这些经济作物因微量营养元素的缺乏而减产，同时也促使农民们为这些作物添加锌元素和硼元素（Rashid 等，2011）。图 3.7 展示了来自巴基斯坦的一个案例，人们通过添加少量的硼肥就使小麦产量增加了 11%。土壤中的硼元素含量因地而异，因此人们需要对土壤进行空间标测，标记出那些可能存在微量营养元素不足的区域。

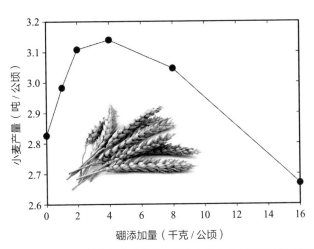

图 3.7　2002—2003 年，巴基斯坦旁遮普省，雨养土壤中的小麦产量与添加的微量元素硼之间的关系。当每公顷添加 2—4 千克硼时，小麦产量出现了 11% 的最大提升量。而硼过多时则会产生硼毒害。（数据来源：Rashid et al., 2011。）

全球有数百万人口正在忍受一种被称为"微量元素营养不良"的隐性饥饿。锌元素和铁元素的缺乏折磨着全球超过三分之一的人口，尤其是来自资源贫乏家庭的妇女和儿童（Fageria 等，2012）。全球超过 60% 的人口承受着铁元素缺乏之苦，同时全球有超过 30% 的人口患有锌缺乏症（Rawat 等，2013）。所有的微量营养元素都是糖代谢所需的各种酶的重要组成部分。铁元素也是血红蛋白的重要组成成分。微量营养元素不足的土壤会生产出微量营养元素不足的饲料和食物，它们进而导致动物和人类的营养不良。土壤、农作物和人类营养间复杂的相互作用，极其详细地显示出，为了将农业生态系统由贫瘠转为肥沃，我们需要下决心解决哪些重要问题。由于牵涉人类的健康，目前对这些问题的研究已经越来越多。

本章小结

地球上的每一种生物都存在适宜及不适宜的生境。对于物种保护或有害生物管理而言，确切知晓哪些因素决定了一个生境的好坏是极为重要的。在一些案例中，人类通过增加或移除捕食者、引发或消除疾病、改变土壤或水中的化学成分等方法，成功地按照预想的方向改变了生境，实现了成功管理。不幸的是，通过改变相同的生态因子，人类也同样使一些生境变得不再适宜，这些生态因子的改变，要么是因为疏忽大意，要么是由于"种豆得瓜"。如果说本章所叙述的正反两方面的故事传递出了什么综合信息的话，那就是，除非完成了充分的研究，在改造自然生态系统方面，我们应该尽可能地规避风险。

第四章

被过度开发的种群
必然会崩溃

- 任何被人类猎捕或采收^①的种群的丰度必然会下降。因猎捕／采收而导致的损失，可以通过种群的增长、繁殖以及自然死亡率的降低来实现补偿。过度猎捕／采收将会引发资源耗尽而导致种群灭绝。

- 过度猎捕／采收的案例更多地出现在那些并未受到严格而强制监管的、具有公共属性的物种资源上。在许多渔场中，私人的或公有的所有权和控制权能真正避免过度捕捞。

- 人类尤其喜欢猎捕／采收体型最大的那些个体，而这就违背了自然选择倾向于让那些体型大、生长速率高的个体存活的规律。这种体型上的变化可能遗传给下一代，并导致被人为选择留下的基因型具有更弱的健康状况，从而对这个物种造成更为长期的不利影响。

---

① 在本章中，harvest 既可指人类对动物的猎捕、猎获，也可指对植物的采收。有鉴于此，译者在翻译本章时，对 harvest 一词根据具体语境作灵活处理。——译者注

从人类这个物种诞生伊始，人类就一直以动物和植物为食，随着人口的扩张，人类的猎捕 / 采收活动也日益加剧。当人口尚处于低密度分散状态的时候，猎捕 / 采收是很轻微的，而且人类的群体会转移到未曾涉足的一个全新区域寻找食物，所以不会对被猎捕 / 采收的物种产生任何问题。但随着技术的不断发展和人口数量的增长，高强度的猎捕 / 采收日渐频繁，更大的区域也日益受到影响，最终导致人类如今彻底改变了地球的面貌。早在古罗马时代，地中海区域的森林就被完全破坏了。而埃及人、巴比伦人、波斯人、腓尼基人、罗马人为了使用木材制造船只，5000 年来将黎巴嫩的雪松开发殆尽。尽管在人类社会早期就存在这些过度猎捕 / 采收的问题，但是直到最近的 100 年，科学家才着手使用生态学的定量研究方法来分析过度开发的问题。

19 世纪末期，人们开始注意到在一些海洋渔场所中出现的过度捕捞案例。1885 年，达尔豪斯委员会（Dalhousie Committee）在英国成立，他们使用拖网和桁拖网对所谓的鱼群枯竭问题进行调查。然而委员会无法给出答案，因为当时没有任何关于北海鱼群的生态学数据。所以他们建议政府着手收集充足的鱼类统计数据，并开展针对鱼类种群动态的科学研究。

渔业的简单模型

19 世纪末，渔业科学家开始逐步解开那些用于分析过度捕捞问题的各种疑难困惑。第一个突破便是，霍夫鲍威尔（Hoffbauer）于 1898 年发现，鱼鳞上的年轮可以用于读取许多鱼类的年龄。这项发现意味着，科学家从此能够判断一个鱼类种群的年龄组成。1918年加拿大的亨茨曼（Huntsman）和俄罗斯的巴拉诺夫（Baranov）分别发现，捕鱼会改变鱼群的年龄组成。捕鱼会移除那些年老且体型较大的个体，对于一个渔业刚刚起步的区域来说，捕捉这些大个体也许是非常有益的，但它同时也暗示出一个过度捕捞可能正在发生的信号。

英国科学家 E.S. 拉塞尔（E.S.Russell）于 1931 年发表了关于"过度捕捞"的理论分析，清晰地阐明了过度猎捕中存在的问题。对于渔业而言，人们往往集中关注捕获的质量而非捕获的鱼类数量，因此拉塞尔对一个被过度捕捞的种群进行了质量动态分析（图 4.1）。自然死亡和捕鱼所造成的死亡这两项因子降低了鱼群在一年内的质

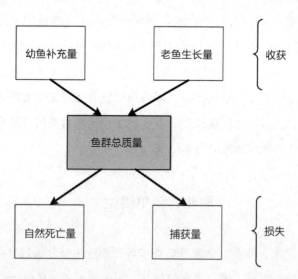

图 4.1 渔业的简单模型。产量通常用生物量来衡量。随时间而变化的收获与损失决定了被捕捞资源的状况。

量。与此类似，幼鱼的补充和成年鱼的生长这两项因子增加了鱼群的质量。在捕捞种群中，补充量是指加入捕捞种群的幼鱼的个体数量。所以整个过程可以表述为以下这个较为简单的情况。

拉塞尔指出，为了平衡鱼群，获得必须等于损失，即：

$$补充量 + 生长量 = 自然死亡量 + 捕捞死亡量$$

对拉塞尔的理论而言，现在出现了一个极其重要的问题。在实施捕鱼前，平均而言，如果这个种群是保持稳定的，那么它的补充量与生长量之和，必定与自然死亡量相等。但现在，伴随着捕捞，这一平衡被打破，鱼群的总质量开始下滑，直至补充量增长或生长量上升，或者自然死亡量下降。除非这三个元素中的一个或多个发生改变，那么这个被捕捞的种群将持续下降直至灭绝。

渔业理论的实验室检验

在分析猎获理论的基本原则方面，有关昆虫和小型鱼类的实验室研究非常有用。孔雀鱼（*Lebistes reticulatus*）是一种小型鱼类，易于在实验室的小鱼池饲养。1958 年，西利曼（Silliman）和古特塞尔（Gutsell）饲养了两个孔雀鱼对照种群和两个孔雀鱼实验种群，后者用来模拟在自然状况下受到四种捕捞速率影响的渔业情况（图4.2）。他们每周对鱼群进行一遍计数，每三周进行一次"捕捞"。

不实施捕捞的对照组中的孔雀鱼种群在第 60 周达到稳定水平，并一直保持至实验结束的第 174 周（图 4.2）。当捕捞率为 25%，频度为每三周捕捞一次时，实验种群的生物量下降至对照组的一半

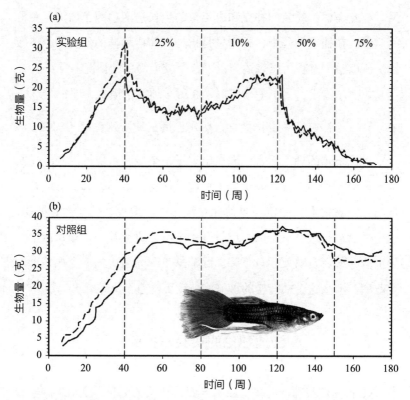

图 4.2 实验室所饲养的孔雀鱼种群的生物量变化。（a）40 周后，对两个实验组种群按照所示比率进行捕捞。（b）两个对照组不受捕捞。（数据来源：Silliman and Gutsell，1958。）

左右。当捕捞率为 10% 时，两个实验种群的生物量都增长至对照组的 70% 左右。第 121 周，捕捞率强行增加至 50%，致使实验种群的生物量下降至对照组的 20% 左右。当捕捞率（强度）为 75%，频度为每三周一次时，实验种群将无法承受，最终只能遭受"过度捕捞"的灭顶之灾。

孔雀鱼的实验，以及其他许多野生种群的实验，阐明了种群开发的四项原则。

1. 种群开发降低了种群的丰度，开发强度越大，种群将变得越小。

2. 在低于一定的开发力度的情况下，种群是能够恢复的，并能够通过增加存活率和生长率来补偿种群损失。

3. 当开发率提升到某一高度时，将导致渔业种群的灭绝。

4. 在不开发和高强度开发之间，存在着产量的最大值。

现在，问题来了：我们如何确定一个自然鱼群的最大产量？有两种计算方法——计算鱼的生物量，或者将其换算成美元（图4.3）。传统的管理办法是通过高捕捞努力量和低利润的方法使捕捞作业最大化。更为可持续的管理办法则是降低捕捞努力量，并使利润和生态系统的健康最大化。然而现实中会碰到的问题是，我们很

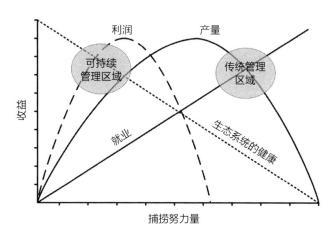

图 4.3　渔业最大产量的两种定义——生物量产量（实线）和美元产量（虚线）与捕捞努力量之间的关系。图中显示了捕捞作业和生态系统保护的潜在利益。同时，不具可比性的两种管理目标定义了两个不同的区域。（改编自 Hilborn，2007。）

难从传统目标转移到可持续目标，因为捕捞作业涉及不少社会因素。最终的结局往往是过度捕捞和资源的崩溃。

过度捕捞的悲剧：加拿大东部的大西洋鳕鱼

大西洋鳕鱼（*Gadus morhua*）是一种分布于加拿大东部外围的北部寒冷水域的海洋鱼类，生活在从近海水域至大陆架外深至 600 米的区域。在欧洲移民殖民北美的早期阶段，鳕鱼曾发挥了重要的作用。1497 年，当约翰·卡伯特（John Cabot）[①]从英格兰来到纽芬兰，他发现，海里"挤满了鱼——不仅用网就能直接捞，甚至在篮子里放块石头沉入水中就能捞鱼"。其实早在卡伯特之前，来自西班牙的巴斯克渔民就已经来到纽芬兰旁的大浅滩捕捉并腌制鳕鱼，然后带回欧洲。在 15 至 16 世纪的欧洲，腌鳕鱼是一道美味佳肴。由于制作腌鳕鱼时需要在陆地上进行晾晒和腌渍，这促使人们在北美洲的东北部定居下来。自卡伯特所处的时代以来，大西洋鳕鱼就成为北大西洋西部的主导性贸易物种。然而如今，大西洋鳕鱼却濒临灭绝，成为过度捕捞的牺牲品。对于纽芬兰的居民而言，鳕鱼渔业的崩溃已经是一个集社会、经济和生态于一身的大灾难。

鳕鱼渔业可持续地运营了近 500 年。17 世纪时，每年的鳕鱼渔获量有 10 万吨，而到了 18 世纪，由于欧洲对腌鳕鱼的需求量居高不下，这一数据更是攀升至 20 万吨。19 世纪时，每年的鳕鱼渔获量在 15 万吨至 40 万吨之间。1900 年之前，所有被捕捞的鳕鱼都以

---

① 意大利航海家，北美大陆的发现者。——译者注

晒干和腌制的形式保存。而 1900 年之后，配备了更高效渔网的渔船变得更大；同时，随着捕捞技术的提升，捕捞团队的效率也持续增加。传统的鳕鱼保存方法被冰冻保存替代，鳕鱼的捕捞强度则持续增长。20 世纪 50 年代，大西洋西北部海域大约 90 万吨鳕鱼遭到捕捞，而到了 20 世纪 60 年代，这一数字激增至 200 万吨。图 4.4 显示了 1959 至 1998 年间大西洋鳕鱼在加拿大海域的捕获量。加拿大自 1977 年起对 12 至 200 海里以内的近海渔业实施管控，这使得纽芬兰的大部分鳕鱼渔业也受到加拿大官方的管理。然而，加拿大的管理就是一场灾难。1991 年的鳕鱼产卵生物量仅为 1962 年的 4%。鳕鱼渔业最终崩溃，大西洋西北部海域的这一主导型贸易渔业于 1992 年关闭，并导致 3.5 万名纽芬兰人失业。截至 2014 年，这一产业仍旧处于停滞状态，鳕鱼种群仅出现了极少量的恢复。那么，鳕鱼渔

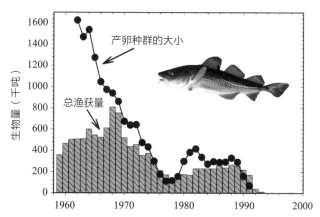

图 4.4　1959—1998 年间，纽芬兰的大西洋鳕鱼（柱状图）渔业发展历史，以及产卵种群的估计生物量（直线）。1989—1992 年，该渔业完全崩溃并被关闭。而且，截至 2014 年该渔业仍处于关闭状态。而 1992 年后鳕鱼的残存种群，小到都无法在图上显示。（数据来源：Fisheries and Ocean Canada，1999。）

业的管理中到底在哪里出了问题呢?

大西洋鳕鱼种群的管理中最大的两个科学错误发生于 20 世纪 80 年代至 90 年代初。首先,当时对鳕鱼种群的估计值远大于实际情况。当时,种群的估计方法是人们通过一系列近海渔业调查中的测定,估计鱼类的种群大小。鳕鱼并非随机分散于渔场中,而是聚集在高密度的群体内。正因如此,人们对鳕鱼种群的估计值才会过大。其次,因为有一部分死亡来源被渔业科学家们忽略了,所以鳕鱼的捕捞死亡率也被严重低估了。销售过小的年幼鳕鱼是非法的,因此这些附带渔获物("兼捕渔获物" [bycatch])常常被捕捞者抛弃在海上,由此造成了那些从未被统计在内,但确实因捕捞而导致的死亡。又因为这些兼捕渔获物并未对渔业的产量作出贡献,所以也没有被计入收获生物量。随着合法的年老鱼群丰度的逐步下降,越来越多体型过小的鱼被非法捕捉和抛弃。这种情况下,被抛弃的鱼数量惊人。据报道,一些拖网渔船需要捕捉 50 万尾鳕鱼,然后抛弃其中的 30 万尾小体型幼鱼,才能获得其中 20 万尾体型合法①的鳕鱼。幼鱼死亡率的上升将直接影响那些能够活到6—7岁的成熟年龄并开始繁殖的鳕鱼数量。

大西洋鳕鱼的崩溃也摧毁了纽芬兰的经济,并且耗费了加拿大纳税人至少 40 亿美元。恢复大西洋鳕鱼的种群需要花费数十年的时间,但这却持续受到那些要求重开渔场的政治压力。在过去 20 年里,鳕鱼种群的恢复迹象十分有限,而且鳕鱼种群缓慢增加的情况仅出现在那些没有商业渔场的区域。渔业科学家估计,要到 2030 年,鳕鱼种群得到有效恢复,才足以支撑常规的渔业捕捞。

---

① 体型合法(legal-sized):意即只有达到一定尺寸,法律才允许人们捕捞。——译者注

对于纽芬兰的渔业而言，接下来的 15 年前景黯淡。一个可持续运作了 500 年之久的渔业竟然在我们这一代毁于一旦。

因为渔业同时在社会和生态的框架下运作，所以它受到了政治冲突和生态现实的双重影响。这些冲突往往无法解决，而渔业只能默默承受。这两股力量驱使着渔业捕捞走向不可持续的状态。遇到丰年，利润高，更多的投资用于制造更好的船只和渔网。而遇到荒年，人们向政府索要补助金以维持就业，并在本该降低捕捞率的时候，仍维持高捕捞率。最终结果是驱使生态系统走向崩溃（Ludwig 等，1993）。

大西洋鳕鱼渔业的崩溃再次印证了"公地悲剧"（The tragedy of the commons）理论。"公地悲剧"是加勒特·哈丁（Garrett Hardin）于 1968 年提出的一个术语，用来描述任何人均可使用的公共资源会被过度消耗。当出现像海洋渔业这样被所有人共同拥有的公共资源时，对每个个体而言，最佳的策略就是过度捕捞，或者"以邻为壑"。当你作为一个能够通过过度捕捞来赚取更多钱财的个体时，完全没有理由阻止过度捕捞，因为即使你不这么做，你的邻居也会这么做。对公共资源的过度利用只能通过制定限制捕捞的法规才能改变，或者通过私有制将公共财产资源转换为私有财产。对所有大型的渔业捕捞而言，社会控制是必不可少的。因此，良好的资源管理是集生态学、经济学和社会学于一身的。

过度捕捞的悲剧：南大洋的捕鲸业

过度捕捞究竟如何对种群产生长期影响呢？人类对南大洋的鲸

类种群的捕杀就是一个经典案例。所有的商业捕鲸行为已经停止了超过 25 年之久，大多数鲸类如今都得到了保护。商业捕鲸所涉及的大型鲸类共 10 种，可以被划分为两个不同的类型。抹香鲸是其中唯一一种受到商业捕猎的齿鲸。其他九种都属于须鲸类，它们的口腔上颚处长有骨板（鲸须）。须鲸在南极主要滤食磷虾（85 种长相像虾的甲壳类动物）以及其他浮游生物。

由于人们最初想捕获的鲸类在海洋中的存量不断减少，因此他们捕获的对象逐渐从有价值的鲸类而发展到不那么有价值的鲸类。这就是捕鲸史的特征。现代捕鲸业可以追溯到 1868 年，挪威人斯文·佛音（Svend Foyn）发明了捕鲸炮和爆炸性捕鲸叉。1905 年左右，捕鲸人向南驶入了南极，在那里发现了大量的蓝鲸和长须鲸。在整个 20 世纪 30 年代，蓝鲸都占据了捕鲸量的主体。但是到 1955 年时，蓝鲸就极少被捕获了（图 4.5）。于是，捕鲸业的注意力转向了原本在南大洋数量最多的长须鲸。随即在 20 世纪 60 年代初，长须鲸种群也宣告崩溃。长期以来，在捕鲸业中，只要还有更大体型的鲸类能够被捕获，鳁鲸就一直处于被忽视的地位，从而幸免于难，然而这一情况在 1958 年之后也发生了转变。直到当国际捕鲸委员会为了避免鳁鲸种群崩溃而于 1972 年出台了相关政策后，鳁鲸的猎捕才受到限制。历史上对于所有鲸种的捕猎都遵循"公地悲剧"的规律，直到人们采取了国际条约来控制猎捕后，对鲸类资源持久不变的过度捕杀才得以告停。

目前的鲸类种群管理专注于对枯竭的鲸类种群恢复速率进行测量。讽刺的是，我们现在所拥有的大多数数据都来源于捕鲸行为。虽然商业捕鲸业已告停，鲸类种群对这一举措的响应我们还不得而知，亟待相关的监测研究。鲸类种群的变化十分缓慢，想准确估计一个鲸类种群对禁猎式保护行动的响应，即使十年也只是一段相对短暂的时间。

　　作为须鲸类主要食物的磷虾，目前在南极也正在遭受商业捕捞。磷虾平均体长约 6 厘米，重约 1—2 克。南极水域的磷虾数量庞大，因此多年来一直被视为潜在的捕捞对象。磷虾可持续捕捞量的估计值极其巨大，几乎与地球上所有其他渔业的总产量相当。虽然磷虾的商业捕捞于 20 世纪 70 年代就开始了，但一直受限于南极偏远的地理位置和加工处理中的问题。磷虾可以在水产养殖业中用作饲料添加剂，在营养行业被用作欧米伽 3（omega-3）磷虾油补充剂。目前，估量磷虾捕捞对南大洋鲸类种群恢复的影响，已经成为一个新涌现出的南大洋保护问题。（Grant 等，2013）

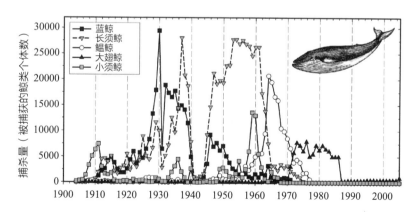

图 4.5　1910—1977 年南半球须鲸类的捕获量。商业捕捞中鲸类的长度通常为：蓝鲸，21—30 米；长须鲸，17—26 米；鳁鲸，14—16 米；大翅鲸，11—15 米；小须鲸，7—10 米。当以上各种鲸都惨遭过度捕捞后，捕鲸人便转而捕杀下一种体型最大的鲸。（数据来源：FAO Fishery Statistics and Allen，1980。）

整个捕鲸史以及过度捕捞所造成的大型鲸类的锐减，是人类因追逐经济利益而对海洋生态完整性造成伤害的又一个不幸的案例。但值得庆幸的是，大型鲸类目前已经游弋在漫长的种群恢复之路上了。

当前的海洋渔业可持续吗？

当前，关于海洋鱼类捕捞的可持续问题仍存在大量争议。由于我们对海洋鱼类种群丰度的情况知之甚少，所以随着研究者所依赖的数据类型的不同，对于过度捕捞量的估计也有很大差异（Pauly等，2013）。距今最近的一次海洋鱼类种群评估于2006年完成，当时人们获取了捕获生物量的完整数据。结果表明，总计15%的海洋渔业存在过度捕捞，13%已经崩溃，48%得到了充分开发，24%处在发展过程中。而其中的重点在于，人类对地球海洋渔业资源的开发利用正接近其极限，虽然有个别渔业资源还存在进一步扩展的空间，但甚至在2006年，大多数渔业资源就几乎达到了被充分利用的程度。

帮助过度捕捞的种群实现恢复，策略有两种。第一种是直接降低捕捞压力，但这也是最难实施的一种。难实施的原因在于：这种策略会造成失业并减少收入，因此会遭到社会反对；加之非法捕鱼难以禁止。第二种则是针对渔业资源建立保护区或者禁渔区。这是一种两面下注的策略，在这种策略中，人们减少了捕捞量（经济成本），从而有利于降低渔业遭受毁灭性崩溃的风险。在海洋渔业中，这种策略已经得到了深入的探讨，而之后它也将在淡水渔业中发挥作用。水域保护区的概念等同于陆地上的国家公园概念。海洋中的水域保护区对于保护栖息在海洋底层、不迁徙也不洄游的底栖鱼类最为有利。其中的概念很简单：留出一片足够大的区域作为禁渔区，确保它在给定时间跨度（例如 20 年）内，能容纳并维持鱼类种群的 60% 以上。渔民可以在禁渔区外以一定的频率开展捕捞作业，但绝不允许在保护区内捕捞。有关如何达成这些简单目标的细节，还需要针对不同渔场进行具体分析。如果建立保护区的这个策略获得了渔民的实际支持，那么需要对成本和收益进行详细的权衡。通过确立并保护"海洋中的国家公园"，也即海洋中的禁渔区，将可能避免对许多海洋水生生物资源的过度猎捕。

海洋保护区是渔业管理中一个相对较新的概念，可获得的数据显示，它能有效提升保护区内及周边区域的生物种群量。保护区内的鱼类生物量能够高达保护区外的两倍，同时保护区的价值也会随着时间而增加。执法是杜绝保护区内非法盗猎行为的关键。同时，大型海洋保护区也要优于小型保护区，这是因为鱼群在小型保护区内数量从 10 增加至 20 所产生的影响力，小于鱼群在大型保护区内数量从 1000 增加至 2000 所产生的影响力。像金枪鱼这类活动面积大的鱼，小型保护区是无法保护的，需要更大型的保护区才行（Edgar 等，2014）。

对海洋鱼类实施保护区策略显然是一种避免过度捕捞的重要途径。要想使管理者相信保护区的价值，就需要开展长期监测项目以测量种群变化的程度，而这种变化在短期监测中可能并不明显。我们已经目睹了 20 世纪的大西洋鳕鱼渔业和捕鲸史中所发生的灾难，为了避免灾难重演，采用海洋保护区这项新型策略十分重要。

猎捕会影响遗传选择吗？

通常，渔业总是优先捕捞最大的个体，猎人往往搜寻长有最大角的盘羊。渔业和野生动物生态学家担忧，这种猎捕方式将有可能促使遗传选择偏向于那些体型更小、体质更弱的个体。在捕获的鱼和其他野生生物身上分辨出变化的趋势相对简单，但是要确切说明为什么体型会发生改变就要难得多。目前主要有五个尝试解释这一问题的假说——密集型猎捕、遗传选择型猎捕、小型动物的社会学选择、气候波动和生境变化。Mounteith 等人（2013）分析了呈交给"北美大猎物记录"中的狩猎动物的标本记录——"北美大猎物记录"由布恩和克罗克特俱乐部（the Boone and Crockett Club）于1932 年创建，试图找出每年提交至该记录中用于评比的最大动物个体的变化趋势。他们从 22034 件狩猎标本中取得数据进行分析，这些标本包括 9 种有鹿角的猎物（如驯鹿、鹿等）及其他 8 种带角的哺乳动物（如麝牛、盘羊等），收集时间为 1900 年至 2008 年。在分析中，有 56% 的对比数据显示动物的体型大小呈现显著下滑趋势（图 4.6）。他们认为这些数据与两种猎捕假说吻合，但是他们无法确定在以获得哺乳动物的角为战利品的狩猎活动中，捕猎行为是否促使物种基因倾向于选择更小体型的个体。

所有的密集型猎捕都倾向于优先捕捉最大的动物个体，因此总体而言，被捕获的鱼或其他野生动物的平均体型将随着时间逐渐变小。随之而来的问题在于，这样的体型变化（见图 4.6）是否仅仅由猎捕造成，其中并不涉及遗传的选择，还是因为剩余种群的基因在某种程度上是贫乏的，因此生长缓慢的个体被选中，而生长快速

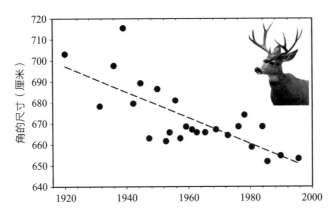

图 4.6　20 世纪的《北美大猎物记录》中所记录的黑尾鹿（*Odocoileus hemionus*）战利品鹿角尺寸随时间变化的趋势。图中纵坐标所说的鹿角尺寸指的是一系列关于鹿角的复杂测量的综合结果。从这些数据可知，作为战利品的黑尾鹿鹿角尺寸以平均每十年缩短 6 厘米的速率递减。（数据来源：Monteith et al.，2013。）

的个体没有被选中。其实这可以通过一个简单的实验来验证，那就是停止对几代鱼类或其他野生动物的猎捕，以检查之后的体型分布中是否存在大体型的恢复。然而，因为猎捕所带来的经济利益与实验的要求相冲突，这一实验其实难以在野生种群中开展。

　　研究这一问题的另一个方法是在实验室开展选择实验。Van Wijk 等（2013）在实验室内开展了孔雀鱼（*Poecilia reticulata*）种群的遗传选择实验。他们分别选择了三代大体型和小体型雄鱼。当雄性孔雀鱼达到性成熟后便会停止生长，因此它们的体型大小易于测量。与不进行人为操作的对照种群相比，当选择大体型雄鱼存活时，平均体长线性增长了 7.5%，而当选择小体型雄鱼存活时，平均体长线性减少了 6.5%（图 4.7）。由于孔雀鱼的基因组已得到很好的描述，所以 Van Wijk 等（2013）能够通过对大体型和小体型

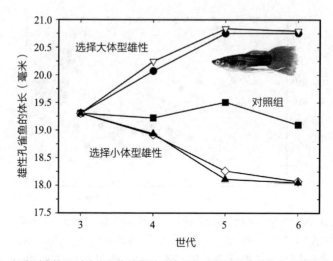

图 4.7 在分别实施了对孔雀鱼实验室种群中大体型和小体型的连续三代选择后，雄鱼体长的变化走向。在实验时，实验室首先共同饲养了两代孔雀鱼，以确保在随后的选择实验之前，孔雀鱼的生长条件和食物供给标准相同。（数据来源：Van Wijk et al.，2013。）

的选择来测试可能的遗传选择。他们通过使用 6 种不同的遗传分析方法，发现在个体遗传位点上存在遗传选择的有力证据。

最重要的是，许多脊椎动物的体型是高度可遗传的；因此，对大体型个体的强烈选择可能会改变被捕获后剩余种群的基因（Allendorf 和 Hard，2009）。这种改变究竟能在多大程度上改变自然界中鱼类和其他野生生物的种群？人们正在积极研究这个问题。

本章小结

　　所有被人类猎捕或采收的动植物种群都存在丰度下降的情况，一旦过度猎捕 / 采收，种群就有可能灭绝。关键是要找到最理想的猎捕/采收强度，实现产量长期最大化。但由于过度猎捕/采收在短期内对人类是有益的，所以在许多猎捕的实际案例中，这一设想难以实现。在所有猎捕/采收动植物的行为中，社会和政治因素都会与生物学的评估产生相互作用。短视或数据不足经常造成与鱼类和其他野生生物的过度猎捕/采收联系在一起的经济和社会灾难。猎捕/采收也会影响遗传选择，导致长期人为选择体质较弱个体的情况发生；无论从短期效应还是长期效应出发，保持种群的可持续性都必须成为所有猎捕/采收动植物资源前的明确目标。

第五章

动植物群落
能从干扰中恢复

- 所有的生态群落都会受到天气、火灾、风暴，甚至是火山爆发等自然干扰的影响。而人类的干扰则为生态群落的恢复带来了新的挑战。
- 干扰会改变一个生态群落中物种的丰度，通常对一些种类有利，而对另一些有害。这些影响具有物种特异性以及群落特异性。
- 目前，几乎没有通用的理论能够预测生态群落从不同干扰中恢复的速率。案例研究的详细监测数据正在为预测不同群落的恢复速率提供指导准则。

任何动物和植物的种群并非独存于世，而是与其他物种的种群混合共存的。我们把某一生境中的所有动物和植物称为一个生态群落。对博物学家而言，群落是最为明显的生态单元，因为我们每天都能见到它们——一片松树林、一个湖泊、一片灌木蒿丛荒漠、礁石海岸。生态学家最主要的工作之一便是试图去理解这些群落是如何运作的。即便我们忽略掉所有的微生物，一个群落通常也包含数千个物种。这些纷繁的物种是如何在互动中创造了我们所见的这个世界呢？我们可以像一个工程师一样，将其中的复杂过程分解开，来了解其中的运作模式。这种方法可以应用在研究生态群落的每一个组成物种的种群上。但这也不是唯一的办法。另一个了解群落运转秘密的方法是制造一些干扰，从而去观察接下来会发生些什么。除了来自火灾、山体滑坡、风暴、火山等的自然干扰，近些来年，人类对自然群落的干扰越来越大，原油泄漏、水污染、森林砍伐、杀虫剂的滥用干扰了生态群落。

干扰如何影响生态群落

在生态学中，干扰是指任何扰乱动植物群落结构，并改变可获资源、基质甚至物理环境的独立事件。干扰可以是火灾、山体滑坡之类的破坏性事件，也可以是严重霜冻等环境波动事件。火灾造成的干扰就像按下了停止键，它从产生到结束十分迅速。而其他干扰，例如长期干旱，则类似一段持续性的压力，慢慢地将群落推向某一个方向。什么才是"正常"的群落，这一概念其实并不存在于生态学家对"干扰"的理解中（这与我们日常生活中普遍使用的"干扰"一词不同）。对于生态学家来说，这是关注焦点的重要改变，它对自然保护和土地管理具有深远的意义。我们不能假设"曾经"的动植物群落就是"正常的"、不受干扰的，也不能假设保护生物学家或土地管理者的工作就是让动植物群落回归到曾经不受人类干扰的状态。干扰作为群落组成的重要部分，一直都在发生。对一些群落而言，干扰是频繁的，而对另一些群落而言，干扰却是罕见的。

干扰能够影响生态群落的许多方面，而这取决于干扰的强度和频度。总体而言，生态学家认为，受干扰影响的群落会通过演替的过程慢慢恢复到原始状态（图 5.1）。但是，如果某一个群落同时或连续地受到数个干扰的影响，那么这个群落就可能无法恢复，并且会被推向一个不同的状态。对于已经受到由人类所带来的污染或气候变化等影响的群落来说，这些干扰有可能已经造成了极其严重的后果。

最简单的干扰模型便是演替模型（图 5.1a）。在这个模型中，群落经过一段时间的恢复，已或多或少地接近其原始的状态。这个简单的模型假设自然界各处是均质的。但现在看来，在这个农业和林业受到气候变化和人为干扰的世界里，其实是鲜有这种均质性的。因此，许多动植物群落目前被认为更类似于图 5.1b 和 5.1c，而我们关注的问题也转变为判断一个群落能承受多少干扰。

珊瑚礁生态群落

珊瑚礁已经在热带海洋中存在了至少 6000 万年，这一悠久的历史孕育了我们如今所能看到的极大的生物多样性。作为热带水域经典的生态平衡群落，珊瑚礁长期被生态学家们观测，它具有相对稳定的物种组成及相对不易受干扰影响的特点。而得益于我们对珊

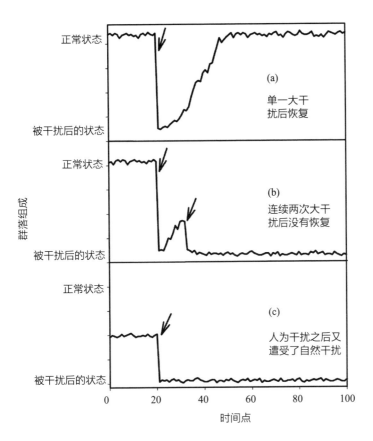

图 5.1　生态群落中干扰（箭头）造成影响的简单图示。（a）图中的群落在时间点 20
处遭受了诸如火灾这样的一次单一大干扰，然后通过自然演替恢复了原状。（b）图
中的群落在时间点 20 和 35 处遭受了两次大的干扰，所造成的综合影响改变了群落
的组成结构，随后没有恢复。（c）图中的群落已经遭受了诸如农业活动或林木砍伐
等人类活动的持续干扰，随后又遭受了诸如火灾或洪水等自然干扰，形成的综合压
力改变了群落的组成结构，并在短时间内阻止了群落的恢复。此处所说的"正常状
态"是对"群落原始状态"的简单表述。（修改自 Paine 等，1998。）

瑚礁的长期研究，以及近年来那些剧烈影响全世界珊瑚礁的典型事件，如今我们对于珊瑚礁的观点早已大为不同。

珊瑚礁本身就受到一系列与热带风暴相联系的物理影响。例如对于围绕在澳大利亚大堡礁南缘赫伦岛（Heron Island）周围的珊瑚礁，Connell 等（1997）曾通过永久标记区域法跟踪研究了那里过去 30 年间珊瑚的覆盖变化。他们通过测量该区域珊瑚覆盖面积的比例来估算珊瑚的丰度。为了估算样区内新生珊瑚的增加率，他们对同一区域进行了连续多年的照片记录。

赫伦岛的珊瑚礁的主要干扰来源是强风暴的袭击，而飓风对珊瑚所造成的破坏程度，受到珊瑚群落在珊瑚礁中附着位置的强烈影响（图 5.2）。从 1962 到 1992 年的 30 年间，赫伦岛曾 5 次遭受飓风擦岛而过。在图 5.2 所示的 3 个实验区域中，只有处在内礁坪的保护区域才相对未遭飓风影响。事实上，每次飓风都导致了开阔水域的珊瑚覆盖率出现下降。其中，1972 年的那次飓风是观测记录中最严重的一次干扰，它甚至完全移除了暴露的珊瑚礁顶。在接下来的 25 年中，暴露的珊瑚礁顶恢复缓慢。但过去 30 年的研究中发现，即使是保护区域中的珊瑚礁覆盖率也出现了逐渐下降的情况，这是因为在珊瑚礁向上生长的过程中，它们会逐渐露出水面，暴露在空气中进而死亡。

全球范围内的珊瑚礁都处在压力下。通过对大堡礁的研究，我们可以看到，由于热带飓风和珊瑚内部的生长和补充过程所造成的干扰，珊瑚群落一直处在持续的变化过程中。因为干扰的频度往往大于珊瑚本身的恢复速率，所以珊瑚礁上的珊瑚群落在空间尺度上并不是恒定不变的。

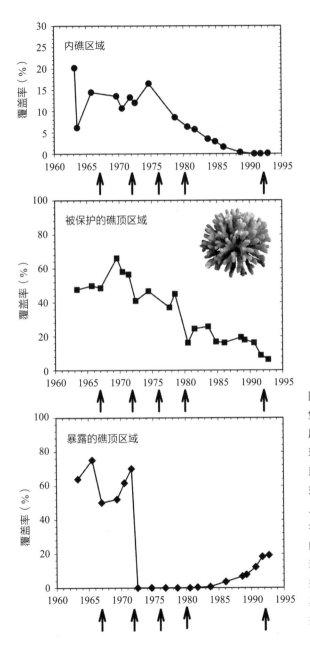

图 5.2　位于澳大利亚大堡礁南部边缘的赫伦岛周围三个不同区域的珊瑚礁覆盖率变化情况。热带飓风侵袭过的年份如箭头位置所示。研究人员从 1963 年至 1992 年连续对这些浅水区域的样方进行数据测量。珊瑚礁遭受飓风时的受损状况，极大地取决于其在不同地点受岛屿庇护的程度。

与飓风所造成的自然干扰类似，人类干扰同样会造成珊瑚礁量的下降。其中最糟糕的问题之一是在珊瑚礁区域炸鱼，这是一种粗暴的非法捕鱼方式。捕捞者所使用的自制炸弹在爆炸中不仅杀死了鱼类，同时也粉碎了珊瑚礁的骨架，使那些不稳定的珊瑚残壁激增。这些珊瑚残壁会随着波浪来回摆动，从而减少了珊瑚的自我补充。Fox 和 Caldwell（2006）曾指出，一个爆炸点的石珊瑚需要 5 至 10 年之久才能恢复（图 5.3）。然而，当很多爆炸密集发生在更大区域时，将导致一个珊瑚残壁区的产生。即使这片区域在之后受到保护而不再有爆炸发生，该区域的珊瑚在未来的数十年乃至数百年内仍然无法恢复。

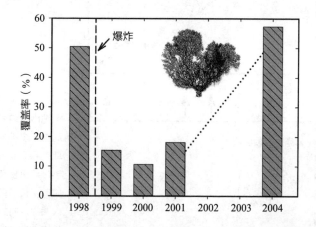

图 5.3 在一次非法炸鱼后珊瑚的恢复过程。爆炸发生后，珊瑚礁的覆盖率立即降到了原始值的四分之一。珊瑚恢复的时间超过了 5 年时间。（数据来源：Fox and Caldwell，2006。）

　　建立海洋保护区是阻止全球范围内珊瑚礁受到持续侵蚀的一个有效途径。Selig 和 Bruno（2010）指出，海洋保护区不仅能够增加本区域的鱼类种群数量，同时也能保护珊瑚礁免受人类干扰和渔业捕捞的影响。他们的研究还表明，对珊瑚礁的保护时间越长，珊瑚礁覆盖面积的增长就越大。那些为保护珊瑚礁而建立的所谓封闭的海洋保护区其实也并非完全限制渔业。当然，其前提是严格执法，限制渔业的密度，并避免炸鱼等非法行为。

　　我们无法避免台风和潮汐波等自然干扰对珊瑚礁所造成的影响，但可以避免人类对珊瑚礁的干扰。各种各样的污染和沉降问题直接影响着珊瑚礁，而疾病暴发以及海水升温所引起的珊瑚白化现象也同样影响着珊瑚礁。所有这些压力源都需要得到尽可能多的管理，只有这样，珊瑚礁才能从自然干扰中恢复过来（Hughes 等，2010；Graham 等，2011）。

干旱区植被恢复

　　干旱区植被多年来一直受到人为干扰。在位于美国西南部的温带荒漠，人们清除了原有的管道、道路、采矿和废弃的城镇，并开展了大量植被恢复的研究。这些研究清晰展现了干扰过后，这片干旱区的植被是如何恢复的。Abella（2010）总结了在美国莫哈维（Mojave）和索诺兰（Sonoran）沙漠开展的大量恢复研究。在干旱区鲜有资金能够用于土地管理及植被种植，所以这里的植被恢复完全依赖自然过程。在 Abella（2010）的研究综述中，我们发现，研究人员只对非连续的干扰进行了研究。而放牧干扰并没有收录其中，因为它属于连续且长期的干扰。

研究干扰后植被恢复的最简单衡量标准便是时间。图 5.4 显示了参照邻近未受干扰的区域时某地多年生植物的植被覆盖度的恢复速率。在这片干旱区，（在没有额外干扰的前提下）完全恢复需要花费大约 70 年时间。在干旱生态群落中，虽然多年来并没有出现新的植物种类，但总体而言，出现了从短寿命物种到长寿命物种的演替。干扰类型影响了植被的恢复速率。与清理道路用地或城镇用地后的植被恢复相比，火灾后的植被恢复更快。不过从更长远的角度而言，只要受干扰土地能够恢复到原来的群落状态，就是令人欣慰的。

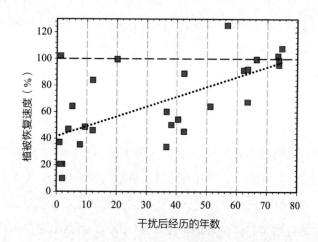

图 5.4 美国西南部的莫哈维和索诺兰沙漠，干扰消失后植被覆盖度与时间的关系。图中纵坐标所表示的植被覆盖度比率指的是测算得到的植被覆盖度与未受干扰区域的植被覆盖度的比值。水平的虚线表示达到了完全恢复状态。（数据来源：Abella，2010。）

火山喷发后的植物演替

　　火山喷发通常会使一个区域丧失几乎所有的生物。而这种区域正是研究从严重干扰中恢复的好地点。圣海伦斯火山位于华盛顿州西南部，它于 1980 年 5 月 18 日发生了灾难性的大爆发，摧毁了覆盖其山坡的成熟林。火山喷发所引发的大规模山崩使这个圆锥形火山的海拔高度下降了大约 400 米，而来自火山喷发的冲击波在火山口北面形成了一个绵延约 18 千米的弧形区域。这次喷发形成了一个低养分、极度干旱并且表面侵蚀频繁的景观，这为植物的再迁入提供了多样的条件。

　　圣海伦斯火山林线以上生境中的植物迁移进展曾是十分缓慢的。图 5.5 显示了植被在距离熔岩穹丘（lava dome）东北面 4.5 千

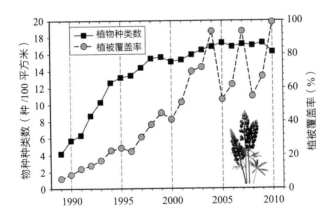

图 5.5　圣海伦斯火山 1980 年喷发、植被覆盖完全被清除后，浮石平原上的植物群落发展情况。羽扇豆是迁入植物的主体。每四年一次的夏季干旱会造成植被覆盖率下降。（数据来源：del Moral et al.，2012。）

米处的浮石①平原上的发展情况。1980 年时尚无植物能在此存活，至 1989 年也仅出现 4 种植物。但随着植物的持续迁入，这片区域在 2000 年时已经达到了有 15 种植物的稳定阶段。只有少量新种能够在 2000 年之后继续侵入。这里的物种数量在 2005 年时达到了顶峰，共有 17 种。而植被覆盖率也在缓慢增加，最终仅在火山喷发 25—30 年后，这里实现了植被的完整覆盖（del Moral 等，2012）。

火山基底上的早期原生演替②几乎无法支持足够的植物密度，所以也无法吸引更多的物种迁入。在这样的环境中，空间和光照都不是限制性资源。只有所谓的护理植物（nurse plant）才能辅助其他物种在此定殖。羽扇豆（*Lupinus lepidus*）的种子较重，扩散能力并不强，但是它们能够在泥流以及火山石裂缝的表层土壤上最终成为常见物种（del Moral and Wood 1993）。在羽扇豆大规模占据领地前，风媒植物如某种紫菀（*Aster ledophyllus*）和柳叶菜（*Epilobium angustifolium*）就已经在羽扇豆丛中定殖下来，并且能够在这些护理植物的庇护下生活得更好。虽然羽扇豆的单个植株会在四五年后逐渐死去，但正因为它们的固氮效应，所以在小尺度上，它们提升了土壤的含氮水平。

在圣海伦斯火山，随机事件严重影响着原生演替。在火山熔岩流所产生的恶劣环境中，生物机理起初是非常赢弱的。植物在这种环境下定殖的能力直接取决于种子的大小，然而种子的扩散能力与

---

① 浮石（pumice）指火山喷发后岩浆冷却所形成的矿物质，主要成分是二氧化硅，其质地软，比重小，能浮于水。——译者注
② 原生演替（primary succession），又称初生演替，指在原生裸地或原生荒原上进行的生物演替行为。——译者注

大小却是成反比的。因此，虽然许多靠风传播的种子能够来到圣海伦斯火山的亚高山区域，但是在逆境中，这些小型种子几乎不可能发芽并实现成功迁入。当大型种子偶然成功迁入时，它们便成为未来群落发展的重点。如果单个的植株在荒芜的景观中存活下来，那么它很快就会成为向附近区域扩散种子的中心，所以正反馈会出现在演替早期的几年。圣海伦火山的原生演替进展十分缓慢，这是由于圣海伦火山的地表遭受了侵蚀，土壤营养低，并且受到长期的干旱压力，而远处未受干扰区域中的大型种子的传播能力有限也是造成这一情况的原因之一。

圣海伦斯火山提供了一个研究极端干扰后植被演替的生动案例。通过计算火山熔岩流区域上的植被变化速度，我们估计，让圣海伦火山景观恢复到成熟的森林植物群落还需要至少 100 年的时间。理解演替同样需要理解驱动群落变化的机制，其中的一个重点便是演替早期的物种对演替后期的物种所产生的影响。演替早期的物种能够帮助或阻碍后期物种的定殖，或者不产生影响。植物个体间对水、光照、氮元素等资源的竞争会驱动演替。我们在圣海伦斯火山上就能看到这个缓慢的过程，这能够帮助我们去理解演替。理解自然干扰下景观的自我更新，能帮助我们去理解那些在人为干扰条件下的景观究竟如何回应干扰。

喀拉喀托（Krakatau）火山岛位于爪哇岛东边海域，它是现代最大的火山喷发地之一。这座火山曾在距今大约 6 万年前发生过一次大规模喷发，之后便一直处于休眠状态，这使得这座岛屿逐渐恢复。直到 1883 年 5 月 20 日，火山喷发再次出现。之后火山喷发持续不断，1883 年 8 月 27 日，灾难性的大爆发终于发生。这次大爆发不仅重演了历史，而且喷发出的浮石和 60—80 米厚的火山灰彻底淹没了三座岛屿。拉卡塔岛（Rakata）是喷发后幸存的最大岛屿，从 1886 年至今，人们一直在研究该岛上的植被恢复（Whittaker 等，1989）。

对植物生长而言，即使起初缺乏有机质，火山灰层也是富含营养物的良好土壤。喀拉喀托岛原本就几乎不受人为干扰的影响，现在更是成为一个被保护的区域。因此，植物迁入这些岛屿主要依靠自然的风媒种子、海水漂浮、果蝠和鸟类的传播来实现。1883 年 10 月及 1884 年 5 月的调查显示，拉卡塔岛上并无任何植被。而到了 1886 年，人们则发现了 25 种藻类和其他植物，其中包括 6 种蓝绿藻和几种蕨类。一百年间，岛上的物种持续增加，通过植物演替，岛上的植被从早期的先锋植物逐渐变为草地，最终形成了森林。在过去的一百年间，种子植物逐渐成为当地植物群的主导（超过 300 种）。裸子植物包括许多蕨类、木贼、石松等 99 种。截至 1983 年，已经有约 400 种植物迁入该岛（Whittaker 等，1989）。

大多数迁移至此的植物，其扩散机理已得到研究。1883—1983 年间，种子植物的到达方式被推测为：风媒，99 种；海水漂浮，103 种；动物携带，123 种；人为引入，32 种。其中动物传播主要依靠果蝠和鸟类。

火山提供了一个研究干扰后动植物随时间变化而演替的模型系统。影响迁移速率的关键变量包括：与最近的、未受干扰的动植物来源区域的距离，喷发堆积而成的土壤的类型，以及气候（降水与温度）。没有植物，就没有动物可以生存，因此，对火山喷发后植被恢复性的研究主要聚焦于植物。

　　最近喷发并且得到研究的火山是位于菲律宾吕宋岛马尼拉附近的皮纳图博（Pinatubo）火山。1991 年 6 月 15 日，这里发生了 20 世纪第二大的火山喷发。喷发造成大量悬浮颗粒及火山灰注入平流层，这次喷发的规模仅次于 1883 年喀拉喀托火山的喷发，是圣海伦斯火山喷发规模的 10 倍。在接下去的几个月里，悬浮颗粒形成了一个全球性的硫酸烟雾层，并使得全球平均气温下降了约 0.5 摄氏度。De Rose 等（2011）通过卫星照片计算了 22 个高山流域的植被恢复率。通过卫星数据他们得到了归一化植被指数①，这一指数通过计算地表的绿色反射率来估测目标地区绿色植被的生长状况。因喷发而变得光秃的区域，随着植被的恢复，归一化植被指数也随之增加；在距离 1991 年喷发后的 10—16 年间，科学家计算出总体的植被恢复率。观察显示，山体恢复到一个较为茂密的植被覆盖度，大约需要 50 年。卫星数据虽然无法提供各种具体植物的恢复率，但是对于受到诸如火山喷发等严重干扰的山体斜坡而言，这种方法却是得到植被固坡所需恢复时间的最有效办法。

　　火山喷发干扰后的植被恢复很好地诠释了一个基本原理：即使遭受严重干扰，植物群落仍能恢复到一个接近其从前组成和丰度的状态。恢复的关键在于种子和孢子的扩散，而植被的具体恢复路径通常取决于哪种植物最先到达恢复地点。

---

① 归一化植被指数（Normalized Difference Vegetation Index，NDVI），又译标准化植被指数、常态化差值植生指标。NDVI 的计算方式是利用红光与近红外光的反射，显示出植物生长、生态系的活力与生产力等信息。数值愈大，表示植物生长愈多。——译者注

弃耕地的植物演替

农田常常因为被划为保护区而遭到弃耕或停耕，而这之后无论有没有主动的管理，这种生境都会开始恢复。弃耕地上的植物群落恢复不同于火山，因为在弃耕地上遗留有植物，土壤中遗留有种子，并且通常总保留着不少农作物和杂草。恢复生态学家希望将这种退化的地区恢复成近似于原始植被的状态，而问题的关键在于，这是否可行，以及如果可行的话需要多少时间才能达到目标。实际管理操作中的问题在于，外来植物（杂草）是否限制了本地物种的迁入及丰度。在现今的许多农业景观中，本地植物群落大规模减少，成为残存的群落。而与此同时，外来植物却大行其道，广泛传播。

在位于阿根廷布宜诺斯艾利斯附近的潘帕斯草原上的一块弃耕地上，Tognetti 等（2010）检测了 20 年间本地物种及外来物种的演替趋势。这片农田曾经耕种过 60 年时间，种植过小麦、玉米、高粱和向日葵。外来物种是弃耕群落的主要组成部分。他们记录到了149 种草本植物，其中有 40% 都是引种至尚呈原始状态的潘帕斯草原以促进牧牛业的外来物种。许多外来物种都是一年生的，而大多数本地物种则是多年生的。在对这里持续了 20 年的恢复研究中，物种数以平均每年减少一种的速率下滑（图 5.6a）。消失的种类大多是一年生的物种和外来物种，鲜有多年生本地植物。虽然外来物种的种类随着时间越来越少，但是主要的外来物种仍然占据着主导地位（图 5.6b）。在演替的第 2 年至第 16 年间，两种外来植物——狗牙根（ *Cynodon dactylon* ）及意大利黑麦草（ *Lolium multiflorum* ）成为该地区的优势植物，直到研究前的最后 4 年，它们始终占据着总体植被

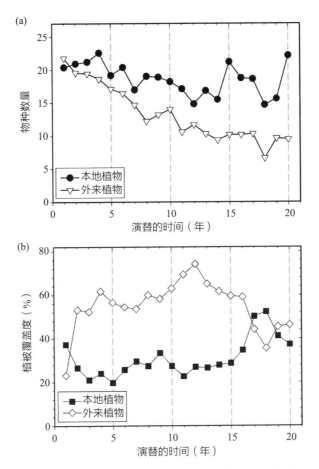

图 5.6 一处位于阿根廷内陆潘帕斯草原的弃耕地在 20 年间的植被演替趋势。（a）图和
（b）图分别表示了本地物种和外来物种的总物种数和植被覆盖度变化趋势。

盖度的 67%。

　　在弃耕地植物演替中，外来植物很少被本地植物替代。恢复
研究的热点之一便是确定是否存在能够帮助本地植物恢复的管理技
术。表 5.1 是植物生态学家基于对植物演替的研究而总结的一些有

助于在干扰场地恢复生态完整性的规律。其中的难点在于，在遭受诸如森林火灾或火山喷发等严重干扰后，受影响的区域面积实在太大，导致无法在有限的预算下进行管理。在这种情况下，自然过程决定了植物恢复的方向。

表 5.1 对于解决受干扰区域恢复过程关键阶段中相关问题的恢复策略示例
（来源：Walker and del Moral，2009。）

恢复过程中的关键主题	目标	策略
建立种群	减轻干扰压力	– 创建安全地点以保证存活 – 安装栅栏以收集种子 – 营造栖息地以确保扩散 – 适当施肥 – 增加放养密度以创造"护理植物效应"
碳的累积	促进种群发展	– 准备表层护理（例如护根覆盖物） – 直接种植成熟的植株 – 使死亡的植物保持稳定的腐蚀状态 – 限制放牧
营养物的动态添加	提高可用性	– 通过使用固氮物种改变肥力 – 添加碳（使用木屑） – 在稍后阶段添加磷和有机质
生活史	提高多样性	– 重视本地物种库 – 从多个品种中选取优良个体，进行混合种植 – 根据物种的最薄弱环节进行物种选择（例如确保种子的存活）
物种间的互动	自我维生的物种	– 实施有计划的干扰，以限制来自营养敏感物种的竞争 – 吸纳耐荫物种 – 吸纳固氮物种

澳大利亚北部小型哺乳动物的减少

恢复生态学中存在一个潜在的假设，那就是在时间充足，种子、孢子或迁入的个体足够多的情况下，植物和动物的种群能够从干扰中恢复。这一理论的推论是，那些在诸如国家公园之类的受保护区域内的物种能够实现稳定的恢复，并且不需要多少保护上的关注。但事实并非总是这样，澳大利亚北部就提供了一个关于本地小型哺乳动物种群崩溃的良好案例，其中就包括影响恢复的可能因素。

卡卡杜（Kakadu）国家公园是一个位于澳大利亚北领地亚热带区域的面积极大的国家公园（2万平方千米）。这是一个生物多样性丰富的保护区，它所在的区域受到过的人为改造极小。但是在过去15年间，公园内的本土哺乳动物种类急剧下降（Woinaraki 等，2011），且毫无恢复的迹象。小型哺乳动物的数量崩塌并不局限于国家公园内，而是贯穿整个澳大利亚北部。人们提出了造成这种物种数量下降和恢复失败的四个可能原因：日益增加的火灾频率，猫的引入所导致的捕猎情况的增加，放牧导致的生境退化，以及疾病。

对疾病的调查显示，疾病并非关键因子。火灾虽然近年来在澳洲北部频繁发生，但是对不同燃烧状况的生态影响调查显示，频繁的火灾并未影响小型哺乳动物的多样性或丰度（Woinarski 等，2004）。猫的捕猎行为和放牧可能是两个造成影响的重要过程。猫捕猎情况的增加可能是一个重要的影响因素，但是人们对澳大利亚北部猫的关键性研究才刚刚起步。猫是一个重要的外来捕食者，许多保护生态学家都强烈认为，猫对许多澳大利亚生物具有严重威胁

（Woinarski 等，2011）。我们必须等待有关猫的重要研究成果出来后，才能判定它们是否对恢复起到了关键的限制作用。

曾经有人做实验来研究放牧对小型哺乳动物恢复的冲击。那就是 Legge 等（2011）在澳大利亚西北的金伯利（Kimberley）中部所开展的一项景观尺度上的停止放牧实验。实验的具体地点位于莫宁顿（Mornington）野生动物禁猎区的 4 万公顷土地上，研究者们于 2004 年至 2007 年间实验性地移除了牛、马和驴，随即观测中小型哺乳动物群落的变化，并与保留了牛、马和驴的附近区域的哺乳动物群落变化进行比较。这一区域的火灾频率较低，因此火灾频率变化所造成的潜在影响不是重要因子。研究者们关注的问题是，从这一地点移除大型植食动物后，哺乳动物种群能否得到恢复。图 5.7 显示了该地区停止放牧后三年间的响应情况。在停止放牧的三

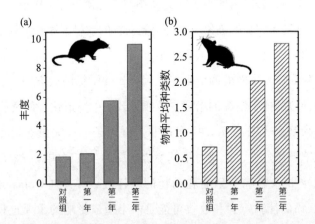

图 5.7 澳大利亚西北部莫宁顿野生动物禁猎区的永久样方移除了所引入的植食动物后，本土小型哺乳动物的响应情况。对照组的数值来自维持着正常放牧的禁猎区之外的环境。（a）每个样方的平均丰度；（b）每个样方的小型哺乳动物物种数平均值。（数据来源：Legge et al.，2011。）

年间，这里的小型哺乳动物恢复很快。在实验所进行的三年间，物种的数量及丰度都呈现增长，圈围区域内的禾本科草类及其他杂草类的覆盖度也增加了。这些数据清楚地表明，被引入的大型植食动物减少了该地点的小型哺乳动物的数量，不过猫的捕猎等其他因子也可能同时产生了作用（Woinarski 等，2011）。

澳洲北部小型哺乳动物数量下降事件还得到一个有趣的推论，那就是：无论是哪种因子导致了哺乳动物数量下降，该因子都对同一区域的鸟类没有产生任何影响（Woinarski 等，2012）。卡卡杜国家公园里的大多数鸟种的数量都在增加，没有下降。也就是说，导致哺乳动物数量骤降的因子，并没有对澳大利亚北部这些区域内的所有生物多样性产生影响。

从澳大利亚北部的这些研究中，我们可以总结出两点。首先，干扰可能会影响群落中的部分物种，但并非全部。这使得我们必须要找出哪些干扰因子影响了不同物种。其次，一旦消除了威胁，群落也许就可以实现快速恢复。

本章小结

生态群落包含多种植物、动物和微生物，它们都持续受到由物理或生理因素导致的干扰影响。火、自然灾害、干旱、气温变化、引入种，以及季节性事件都会影响群落中物种丰度的变化。有这些自然干扰作为基础，再加上人类干扰的引入，便产生了这样一个问题，即一个群落如果无法恢复到近似于其初始状态，那么在这个过程中它能够忍受多少干扰。群落生态学家的工作就是要描绘群落对于干扰的响应机制，判别群落恢复的方向以及恢复所需要的大致时间。

　　这些恢复研究指引我们迈入两个不同的方向。我们需要提问，如果群落受干扰过大以至无法恢复到其初始状态，那么会有什么情况发生？这也将是下一章的内容。干扰生态学的第二个应用体现在对于受干扰区域的恢复上，这些区域包括有毒的废弃地、过度放牧的牧场和被侵蚀的景观等。后面的章中将继续出现恢复生态学的问题，以解决一些我们这个时代最紧迫的问题。

第六章

群落能存在于
不同的稳定状态中

本章重点

- 所有生物群落都是在食物链中形成的，其中隐含的关系就是谁能吃掉谁。食物链受到天气、火以及人类活动等物理因素的影响。
- 稳态转换是指生物群落内突然的、强烈的结构变化，它会对食物链产生剧烈的影响。稳态转换作为临界点，在海洋和淡水群落中易于识别，但也会出现在陆地生态系统中。
- 稳态转换中的关键问题在于群落变化是否可逆。目前已经有足够多的案例能证实，稳态转换属于一种持久的变化，群落中的一些物种会消失，而一些新物种会进入。这种类型的稳态转换具有许多不容忽视的后续影响。

在我们相对短暂的生命里，我们往往默认自己所见的生态群落是永恒不变的。当我们漫步在加利福尼亚的红杉林，或者北卡罗来纳的水草滩，我们常常会假设这一切在有生之年都不会改变。但是正如上一章所述，生态群落经常会遭受突如其来的干扰；接下来会发生什么呢？与我们人类群体十分相似的是，生态群落通常能够从一个单一的小型干扰中恢复，并回归其初始状态。但是，如果干扰过于剧烈，或者扰动力持久，那么生态群落就有可能转换至一个新的状态并保持下去。如果一个生态群落受到了严重干扰以至于无法恢复到初始状态，那么会发生什么呢？如果这个群落转换到了另一状态，那么这种状态会是什么样的呢？生态学家们能预测大型干扰所造成的后果吗？

食物链

要回答这些问题，我们必须首先明确群落是如何形成的。我们可以清楚地在一个群落中看清物种之间的互动关系，这正是建立在"谁能吃掉谁"这一简单的观念上。我们将群落中的主要生物有机体划分为三个等级：

- 生产者＝绿色植物
- 消费者＝动物
  - 初级消费者＝植食动物（取食绿色植物）
  - 次级消费者＝肉食动物（捕食那些植食动物）
  - 三级消费者＝肉食动物（捕食其他的肉食动物）
- 分解者＝分解已死亡动植物之有机质的细菌和真菌

图 6.1 列举了一个来自加拿大极地地区的食物链简单案例。这张食物链由两大主要相互关系过程构成——捕食与竞争。因此，对

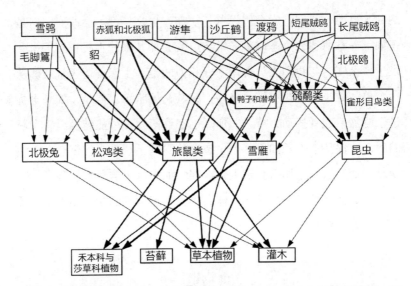

图 6.1 加拿大拜洛特岛（Bylot）所在的高纬度北极苔原区域的食物链简单图例。箭头的大小和线段的宽度表示在"谁能吃掉谁"这一关系中的相对强度。

于加拿大北部拜洛特岛上的苔原而言，旅鼠间互相竞争食物和巢址。而苔原的禾本科植物和莎草科植物则为了生长和获取土壤中的养分和水分而竞争生存空间。捕食与竞争总是相互联系的。而群落正是由数以百计的不同物种通过捕食和竞争的相互作用而形成的集合体。对于群落的扰动也是通过食物链中的诸多联系来进行的。

苔原食物链相对简单，因为这里只是一个位于高纬度的极地群落。但它却解释了食物链结构的两大内涵。首先，一些物种呈群聚状态，例如禾本科植物和莎草科植物所在的这一食物链层级包含15 种植物。雀形目鸟类与鸻鹬类鸟类所在的层级包含 12—15 种鸟类。举例而言，如果一项研究是聚焦鸻鹬类的，那么这一层级就可以被细分成许多独立单元来研究。其次，有些物种间的联系更为紧密（以更粗的线段表示），这些联系可能就是影响群落组成和功能的关键。

两极地区、温带地区和热带地区的生物群落都能形成十分复杂的食物链，即便我们只能从中识别出主要的物种。图 6.2 展示了美国新英格兰地区和加拿大东部地区的海洋大陆架的食物链，虾类和小型鱼类等无脊椎动物处于这个复杂的食物链的中心位置。人类处于这个海洋食物链的顶端，并与海豹和鲨鱼形成了潜在的食物竞争。由于食物链中存在着繁杂的相互关系，所以如果这个食物链中

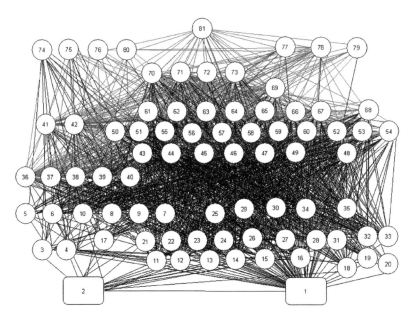

图 6.2　加拿大东部与新英格兰区域各州的海洋大陆架内复杂的食物链。浮游植物（2）处于该开阔海域食物链的底部，大量的浮游动物（3—4）以及虾（8—12）是下一个取食层级的植食动物，同时还融入了捕食植食动物的小型鱼类（36—40），以及像海豹（76）和鲨鱼（78）这种取食小型捕食者的高级捕食者。人类（81）占据了这个食物链的顶端。（来源：Link，2002。）

的任何物种被施加了强烈的压力，这种压力便可能在整个食物链中产生持续的影响。

虽然图 6.2 所展示的食物链颇为复杂，但从无脊椎动物到食物链底层这一部分，食物链中的联系仍高度聚集。同时，生活在这一海洋环境中的细菌和病毒并未纳入这张食物链。这种复杂性清晰地显示出，在一个复杂的食物链中，生态学家们是无法研究其中的所有联系的，他们必须将食物链进行分割，将研究限制在与目标物种直接相互作用的那些物种所组成的次级食物链中。

对食物链的研究使得生态学家们能够更为深刻地理解生态系统的结构，但仍然不能帮助我们清楚地了解食物链的运作方式。这是因为食物链中缺少一个重要因子——环境对于整个群落的影响。在这个全球变暖的时代，日益升高的温度或日益减少的降雨量所造成的环境影响，会对群落结构和物种间关系产生重要的影响。最清晰的洞见来自与气候相关的重大环境变化，即所谓的"稳态转换"，正是它引发了群落中的种种巨变。

海洋生产中的稳态转换

稳态转换是指生态系统中突然发生的变化，它会使系统从一种状态转换至另一状态，在这一过程中群落中的许多物种的丰度会发生改变，有些物种甚至可能消失。其中最引人注目的变化发生在海洋中。图 6.3 显示的是北太平洋的一个稳态转换案例。变化的洋流会将温暖的或凉爽的海水向北或南推进，从而使生态系统生产力发生快速变化。

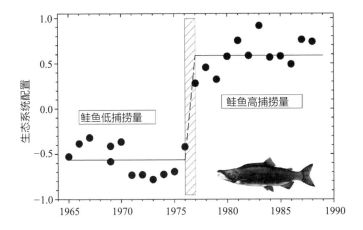

图 6.3 1976 年北太平洋的稳态转换，它用一套由 100 个环境和捕鱼时间序列组合成的指数来衡量生态系统的整体组织。大约在 1990 年，这个稳态又转回到 20 世纪 60 年代晚期和 70 年代早期的情形。在第一阶段，太平洋沿岸的鲑鱼捕获量相对较少，而在第二阶段，鲑鱼的捕获量大幅增加。海洋温度是这些稳态变化的主要驱动因素。（数据来源：Hare and Mantua，2000。）

　　由于气候影响着浮游植物的季节性循环，所以人们一直认为北太平洋的稳态转换是由气候驱使的。随着洋流的改变，一些洋流中的温暖海水被来自其他洋流的寒冷海水替代。这种水温的变化改变了浮游植物的生长季长度，同时也进一步改变了以其为食的浮游动物的生长时间（图 6.4）。在 20 世纪 70 年代中期之前，这里的冬季相对暖和，夏季则处于适度暖和的状态，春季及春夏之交的桡足类动物群落丰度高峰出现在每年 4 月至 7 月。而 1976 年稳态转换后，冬季气温下降，浮游生物的春季群落丰度高峰延迟一个月才出现，这正是在时间上对群落春季数量爆发的一种响应。夏季水温一直在相对温暖与相对寒冷之间来回变化，冬季及春季的水温变化亦是如

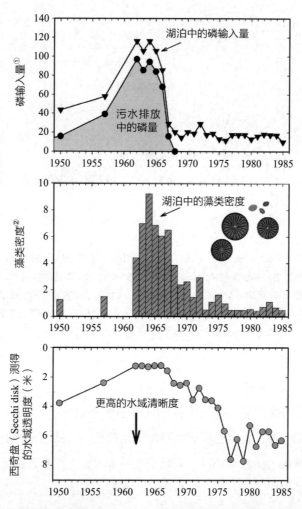

图 6.4 位于西雅图的华盛顿湖在 1950—1984 年间的恢复过程。20 世纪 50 年代，注
入湖泊的已处理污水持续增加。1963 年至 1986 年，污水逐渐从湖泊中排出。当污
水排出后，湖泊中的磷总量迅速下降。由于磷元素是这个淡水湖泊中蓝绿藻生长过
程中的限制性营养物，所以蓝绿藻的密度下降与磷量的下降保持一致。浮游动物会
以小型的绿藻（而非蓝绿藻）为食，由于浮游动物的捕食作用，绿藻的丰度也同时
下降，湖水随之变清。（数据由 W.T.Edmondson 友情提供。）

————————————
①② 本图中作者未提供"磷输入量"和"藻类密度"的数量单位。——译者注

此。温暖的表层水保证了更多的浮游生物的生长，不过因为这一区域也生活着许多无脊椎动物和鱼类，所以浮游生物种群的渐变会随之达到一个临界点，不再继续变大。然而，因为夏季水温的变暖会产生强烈的水流分层，使浮游植物生长所需的营养量供给不足，所以对浮游植物种群而言，这种升温具有自我限制作用。浮游植物种群量的下降又进一步减少了春夏季鱼类及无脊椎动物群落在 7 月份的丰度。这种稳态转换是由气温和水流驱动的一个缓慢过程，当它到达临界点后，鲑鱼等物种便会因食物短缺而存活率下降。海洋中的稳态转换每十年发生一次，由于气候变暖，目前陆地上也正发生着类似的稳态转换事件，但时间跨度可能需要一个世纪。

稳态转换表明，为了响应相对小的环境变化，一些生态系统能够承受突然发生的变化，如果生态学家们能够定位出这些临界点，就将有助于生物多样性保护中的管理行动，尤其是面对气候变化时所需要的管理行动。

在极地生态系统中，有一种机制有可能引发大规模的稳态转换，这就是由全球变暖引起的海冰融化。极地地区的日照角度随季节剧烈变化，进入水体的日照量很大程度上取决于覆盖在水体表面的冰层厚度（Clark 等，2013）。如果无冰期长达 100 天，那么进入水体中的光照将是只有 50 天无冰期时的四倍。光照是浅海床群落结构的关键驱动因子，调控着大型藻类与无脊椎动物之间的互动关系。藻类需要光照进行光合作用，所以藻类最适合在光照较好的区域存活，而无脊椎动物最适合在海床的黑暗区域生存。光照的显著增加将可能使浅海区域的群落从无脊椎动物占优势的状态转变为藻类占优势的状态。

Clark 等（2013）在东部南极洲靠近凯西站（Casey Station）的浅海样地开展了测量无冰期与藻类以及无脊椎动物群落结构之间关系的研究。当无冰期变长、光照变得更为充足时，藻类倾向于替代无脊椎动物，而当无冰期变短时，无脊椎动物将占据优势。气候变暖使得无冰期变长，从而推动群落从目前的无脊椎动物占优势转变为藻类占优势的情况。一旦规律性的无冰期时间超过半年，那么南极海域这片浅海区域群落中大约三分之一的物种会出现本地灭绝的情况。处于这种本地灭绝风险中的无脊椎动物包括滤食性海绵、苔藓虫、被囊类动物和多毛类动物，它们在生态系统中具有重要的功能，如水过滤和营养物循环等。这些动物群是南极沿岸的食物链中最重要的组成部分。

淡水湖泊中的稳态转换

人类活动所带来的营养物大幅增加，使得许多淡水湖泊发生了剧烈的变化。华盛顿湖坐落于华盛顿州的西雅图，是一个面积较大且曾经较为贫瘠的湖泊。20 世纪 60 年代晚期以前，这个湖泊曾被用来排放污水。到 1955 年，很明显，污水的输入正在破坏这个清澈的湖泊，于是，一项从湖中转移污水的计划通过投票表决付诸实施。从 1963 年到 1968 年，越来越多的污水被排入大海。而从 1967 年 3 月起，几乎所有的污水都被排入大海。因此，华盛顿湖最近的历史中包含了一段污水被全部转移后营养物质停止增加的时期。

自 1963 年污水开始转移时起，来自华盛顿大学的生态学家们就开始对华盛顿湖的变化进行记录。图 6.4 显示了表层水中磷元素的快速下降，以及与其紧密相关的浮游植物现存量的下降。在大多数淡水湖泊中，磷是浮游植物生长的限制性营养物。污水转移后，华盛顿湖的水变得格外清澈。磷被吸附在湖泊的沉积物中，不过也仍然会缓慢地释放回湖泊水体中。

　　华盛顿湖的实验表明，如果营养物质的输入能够停止，那么湖泊的不利变化就会停止和改变。华盛顿湖的恢复过程说明，这个群落能够以拥有低营养物质输入的清澈湖泊形式存在，也可以高营养物质输入刺激藻类生长、水体呈现绿色的湖泊形式存在。由于营养物质的输入支配着藻类生长的条件，所以华盛顿湖的浮游生物－鱼类群落会发生剧烈变化。

　　在淡水湖泊中，一个经常伴随着营养污染的变化是蓝绿藻对绿藻的取代。蓝绿藻常被称为"公害藻类"，因为当营养充足的时候，它们的丰度会变得极高，并会在湖面上形成漂浮的泡沫。蓝绿藻之所以能成为优势种，有以下几个原因。浮游动物和鱼类对蓝绿藻的取食很有限，它们更喜欢取食其他藻类。同时，蓝绿藻的部分种类会产生次级化学物质，这对浮游动物和人类是有害的。此外，蓝绿藻还不容易消化，因此对于植食动物来说，蓝绿藻属于低质量的食物。随着来自肥料和污水中的磷越来越多地被输入湖泊，氮磷比则出现下降，氮反而成为限制性因子。而许多蓝绿藻具有固氮作用，因此当氮成为限制性因子时，它们比不具备固氮能力的绿藻更占优势。所以，温带地区淡水湖泊内的浮游植物群落基本上以两种宽泛的形态存在，即低营养水平形态（绿藻占优势）和高营养水平形态（蓝绿藻占优势）。

淡水湖泊的稳态转换可能由营养物质输入引发，此外也可能由捕食者的种群变化造成。Pace 等人（2013）曾于 2008 至 2011 年间在密歇根州的两个湖泊通过一个简单的实验证实了这种形式的稳态转换。保罗湖（Paul Lake）中，大口黑鲈（*Micropterus salmoides*）的种群占据优势，同时这里还存在驼背太阳鱼（*Lepomis gibbosus*）的一个小种群。这两种鱼主要依靠取食湖中的其他小型鱼类为食，在 Pace 等人的实验中，这个湖被作为不接受实验处理的对照组。而 2008 年时，作为实验组的皮特湖（Peter Lake）则是各种取食浮游动物的小型鱼类占据优势，大口黑鲈数量较少。从 2008 到 2011 年，皮特湖内加入了不少大口黑鲈，目的是了解这些捕食者是否会将皮特湖转换成与对照组湖泊一样的状态。图 6.5 显示了这个为期四年的实验的结果。由于补充个体的存在，实验湖中大口黑鲈的丰度增加了，而与此同时，取食浮游动物的小型鱼类的丰度则急剧下降。大口黑鲈的捕食行为足以使湖泊转换至另一种状态。在这种新的状态中，优势物种为大口黑鲈这样的捕食性鱼类。

实验组湖泊中捕食性鱼类的增加，降低了作为它们食物的几种米诺鱼（minnows，鲤科淡水小鱼）的丰度。米诺鱼的减少又反过来使得浮游动物群落朝着以大型浮游动物占优势的方向转换。而向大型浮游动物群落转换的过程，又改变了浮游植物的动态。因此，在这类湖泊中，顶级捕食者发生变化所产生的影响，会在食物链内向下传递，从捕食者营养级传递到植物营养级。稳态转换能够发生在食物链的任意一端，无论是从植物（自下而上）一端，还是捕食者（自上而下）一端。

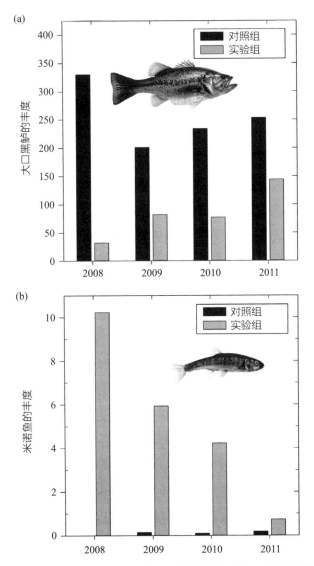

图 6.5 2008—2011 年，保罗湖（对照组）和皮特湖（实验组）中鱼类种群的变化情况。皮特湖中，捕食者大口黑鲈的增加，导致作为其猎物的小型鱼类——米诺鱼种群的崩溃。（数据来源：Pace et al., 2013。）

稳态转换的简单模式图

　　如图 6.6 所示，植物与动物群落的稳态转换动态能以三种不同的方式发生。

　　将这些理论运用到群落的变化上，有两个关键要点：一是要知道群落的控制变量是什么，二是要仔细确定群落的特征。通常情况

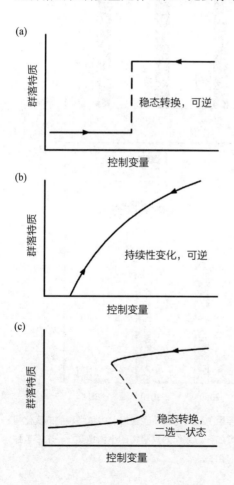

图 6.6　当群落处于交替的转换状态时，可能的三种变化模式。诸如植物种类的数目等群落中的任何指标都能发生突如其来的变化。第一种变化模式如（a）图所示，诸如气温、降雨或植食动物的丰度等控制变量发生了变化，且这种变化是可逆的。许多人类景观的改造也适用于这种变化模式。第二种变化模式如（b）图所示，变化是缓慢的且可逆的；不出现临界点。第三种变化模式如（c）图所示，可能具有明显的临界点，这种稳态转换将群落置于一种交替的稳定状态中，可能很难或无法发生逆转。

下，我们会以群落内物种的数量和各物种的丰度作为群落的特征。在极端的案例中，当群落从一种状态转换到另一种状态时，群落中的一些物种可能会出现本地灭绝的情况；而接下来所需要的关键信息就是，这些消失的物种能否通过扩散从相邻的地点回归到原有群落中。陆生植物通常比动物更容易恢复，这是因为它们在土壤中拥有种子库，当环境适宜时它们就能再次生长。

陆地生物群落中的稳态转换

植物群落经常会因为火灾或其他强烈的干扰而发生变化；图6.6的三个模式中，究竟哪一个能最好地描述这种植物群落的变化，有相当多的讨论。关键问题在于，在人类的时间尺度上，植物群落内所发生的变化是否可逆。有一个例子可以说明这个问题，那就是从开阔的稀树草原转换到郁闭的林地。

稀树草原属于混合生态系统，以一大片开阔且连续的草地层上具有一个树冠层而著称。稀树草原上树木的覆盖情况非常多变，从十分分散到十分紧密的情况都有，而它的极限状态（开阔草原与郁闭树林）有时会被理解为两种交替的稳定状态。稀树草原的决定性特征在于草本层中禾本科植物的优势度。高降雨量的热带稀树草原上的禾本科植物会频繁地引发火灾，从而产生对耐火性树种和非禾本草本植物的选择偏向。如果缺乏火灾，那么群落就会变为灌木丛，并最终成为森林。而这时森林中树木会遮蔽草丛，对火敏感的植物得以旺盛生长。稀树草原与森林的结合体，可以被看作是稀树草原的一种交替稳定状态。

在非洲南部，稀树草原上的树木入侵现象十分常见，而这其中就存在从开阔的稀树草原到郁闭的林地这两种交替变化过程（图6.7）。Parr 等人（2012）分析了南非豪鲁维（Hluhluwe）野生动物保护区内稀树草原到郁闭树林的转变过程。科学家们通过 1937 年所拍摄的航片、20 世纪 80 年代的卫星图，以及 2007 年到 2009 年所开展的地面调查情况，评估上述三种变化模式中哪一种与这种生态系统中的变化模式最类似。

Parr 等人（2012）发现，南非的这类稀树草原上所发生的变化，不仅有稀树草原乔木覆盖度的增加，更有生境（结构及组成）上的大规模变化，这表现为植物群落从稀树草原到郁闭灌丛的完全转变（图 6.7b）。灌丛生境中混合了耐阴的高茎草本植物、灌木丛和斑块状分散呈现的耐阴禾本科草本植物。稀树草原的植物群落会在不同状态下分别转变为草原、灌丛以及最终的森林状态，而与其对应的植物组成变化则是从禾本科草本到灌木再到乔木树种。

稀树草原的高易燃性和林地的低易燃性是这两种群落状态的一个重要区别，同时也是从稀树草原到林地的转换中难以逆转的一个关键因素，而这正对应着陆生生态系统的一种稳态转换。如果灌丛鲜有火灾发生，那是因为地面的禾本科植物不足以作为燃料诱发火灾，那么在缺乏人为调控火灾这类积极管理手段的情况下，从灌丛再转变回开阔的稀树草原是十分困难的。

就区系而言，分布在稀树草原与灌木丛中的蚂蚁也具有显著的差异。林地中更多的蚂蚁物种是捕食性的森林蚂蚁，而这也是稀树草原转变为灌木丛的过程中，作为群落中重要组成部分的营养结构变化的一部分。营养结构的转变与灌木丛中枯枝落叶层的发展有

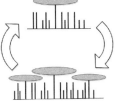

开阔的稀树草原上，
林下层拥有连续的
C_4 草本植物。

稀树草原上，乔木和灌木树
种密度增加，但 C_4 草本地
被层依然存在。

（a）稀树草原转换为灌丛
周期性过程的一部分。
受到侵占的稀树草原在生态学
性质上与开阔的稀树草原近
似，同时它也能够转换回开阔
的稀树草原。

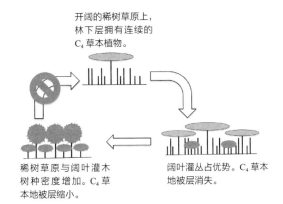

开阔的稀树草原上，
林下层拥有连续的
C_4 草本植物。

稀树草原与阔叶灌木
树种密度增加。C_4 草
本地被层缩小。

阔叶灌丛占优势。C_4 草本
地被层消失。

（b）灌丛扩张
灌丛扩张进入稀树草原，使其最终转换成森林。这并不是周期
性过程的一部分，不太可能转换回开阔的稀树草原。

图 6.7　示意图显示了两种截然不同的灌丛形成过程。（a）当稀树草原上的乔木和灌
木树种增多时，稀树草原转换为灌丛，而且这是一种循环可逆的过程。（b）灌丛扩
张表现为群落组成上的变化，阔叶和耐阴的灌木和乔木树种密度增加，同时地被层
草本植物减少。灌丛扩张遮蔽了草本植物层，由于草本植物能引发火灾，所以这一
过程可能难以逆转；这可能导致群落转变为灌丛，甚至最终转变为森林，这样的植
物群落中就不会再出现草本植物了。（来源：Parr et al., 2012。）

关。对无脊椎动物来说，枯枝落叶层是关键的微型生境，为它们提
供了那些无法在开阔草原上找到的重要生境和资源。许多蚂蚁在朽
木中栖息和觅食，它们是枯枝落叶层的捕食者，取食蜘蛛的卵和小
型昆虫。由于火灾过于频繁，所以稀树草原缺乏枯枝落叶层。由于
林地中的高大植被能够提供额外的树荫，所以鸟类、小型哺乳动物
和爬行动物也会对稀树草原与灌木丛间的生境转换做出响应。

从保护生物学的角度来看，从稀树草原到灌木丛乃至最终到林地的稳态转换是令人担忧的，因为这似乎是很难逆转的一种群落变化。在南非的稀树草原上，许多灌木丛正在日益发展壮大（Parr等，2012），这种稳态转换在保护生物学看来会对生物多样性产生不利后果（导致物种丧失），同时也会产生经济后果，因为本来存在的稀树草原和大型哺乳动物在生态旅游方面是十分吸引人的。

与我们刚刚提到的稀树草原的稳态转换方向相反，在非洲还有第二种稳态转换。实施了人为放牧的生态系统中存在多种稳定状态，而东非的林地与草地则代表了其中的两种可能的群落状态。国家公园与保护区涵盖了东非地区大面积的稀树草原，过去30年间，其中的林地面积在不断下降，并逐渐被草地取代。这一过程与之前提到的非洲南部的情况正好相反。非洲象在这种变化中发挥了重要的生物学作用，而火灾则是其中重要的物理过程。为了解释林地面积的减少，人们提出了三个假说。

1. 是人为引发的火灾清除了林地。这其中只有一种稳定状态，但如果能减少火灾，那么林地就能恢复（图6.6a）。

2. 是非洲象以破坏性的取食方式清除了林地，随后产生的草地则依靠火灾来维持。这其中有两种稳定状态。如果火灾被消除，即使在非洲象依旧存在的情况下，林地也将恢复它们原先的丰度（图6.6b）。

3. 是火灾清除了树林，同时非洲象通过取食小树苗滞缓了树木的更新。在这种情况下，除非非洲象的种群因盗猎或实施了有效管理而数量减少，否则林地将永远无法恢复。因为非洲象会取食小树苗，所以消除火灾并不能使林地恢复。这其中只存在两种稳定状态（图 6.6c）。

现有的证据支持第三种假说。20 世纪 60 年代，塞伦盖蒂平均每年有 62% 的土地会遭受火灾，即使不存在非洲象或其他植食动物，树木的补充会慢到无法维持林地的存在。而到 20 世纪 80 年代时，公园与保护区内的非洲象和角马的数量已经上涨。角马在每年的旱季取食了大量禾本科草本植物，所以使得当时稀树草原上的可燃物储备量下降，火灾每年仅仅能燃烧该区域 5% 的面积。在 20 世纪 80 年代，由于缺乏火灾，食量惊人的非洲象仅凭自身，就能够阻止林地在整个景观中占据优势。如果非洲象与角马在未来因盗猎而数量下降，那么禾本科草本植物的长势将增加，随后火灾也会增多，从而阻止林地的更新。而目前，东非的塞伦盖蒂 – 马赛马拉生态系统似乎被锁定在草地状态，林地无从恢复。

另一个植物群落发生剧烈变化的案例来自近年来白尾鹿数量激增的美国东部地区。通过取食，白尾鹿正在将原有的植被群落替代为木本植物群落。1890 年至 1920 年间，宾夕法尼亚州的大部分硬木森林都被清除了。这些林区中包含许多有价值的树种，例如美国白蜡、糖槭、红枫、黑樱桃等。那些处于更新状态的林区中，白尾鹿的种群数量迅速上升，从而加大了取食强度。与此同时，像狼这样的捕食者却从这个生态系统中被清除了。结果，白尾鹿的种群数量飞涨，而且现在被认为过多。白尾鹿的取食降低了阔叶树种的更新，其中尤其是降低了那些有价值的木材树种的更新。伴随着白尾鹿这种有效的取食作用，那些阔叶树种的种子库在三四年间便被消耗殆尽。而一旦失去了种子库，林木的更新就再无可能。于是，蕨类和草本植物开始入侵森林的地表，并完全压制了那些原本适宜生长的阔叶树的更新。在最终形成的群落中，占据优势的树种是那些既不适合做木材、也不讨白尾鹿喜爱的黑樱桃等树种。即使出于某种原因白尾鹿被移除了，那些已经更替的树木群落仍然可以在三百年及以上的时间尺度上保持稳定。这是一个由人类活动造成群落变化的典型样例，其中人类活动包括改造了原有的景观，移除了那些能将白尾鹿种群数量保持在较低水平的顶级捕食者（图 6.6a）。如此一来，人们在北美洲东部最为关注的莫过于鹿与汽车碰撞的交通事故。这既造成了巨大的经济损失，也造成了车内的人员受伤和许多在道路周边活动的白尾鹿的死亡。

本章小结

　　相较于变化，大多数人更偏爱稳定，但自然群落却处在不断变化之中，它们很少能被描述为动物与植物的稳定系统。我们所目睹的那些变化，有些来自飓风等物理干扰，有些则来源于生物学上的变化。除非我们能更多地理解这些干扰所产生的影响，否则我们无从获知自己能否逆转这些不尽人意的影响，以及如何去逆转这些影响。

　　稳态转换是所有群落变化中最关键的，因为群落一旦到达临界值，就会迅速进入稳态转换中。而且有时在没有较高经济成本付出的情况下，这种稳态转换是无法逆转的。在海洋环境中，临界值往往由水温变化所驱动，不过如今（随着二氧化碳浓度的升高）则由水的酸度变化驱动。其他群落的临界值则受捕食者丰度的变化驱动。像狼、狮子这样的顶级捕食者从一个区域灭绝，会使得群落中的其他捕食者、植食动物与植物发生强烈的结构重组。而其他的临界值则可以来自流行性疾病。核心信息相对简单：我们应该尝试在群落受到人为干扰或自然力量干扰前，就了解群落的结构，并时刻准备应对意外的发生。并非所有的群落和生态系统的变化都是不可逆的。有一个规律是，无意间的行动所造成的后果也能使人类和自然生态系统付出严重的代价。

第七章

关键种
对生物群落功能
具有重要影响

- 关键种在整个群落中的丰度相对较低，但一旦从生态系统中移除，将对群落的结构和功能产生巨大的影响。
- 许多关键种是顶级捕食者，在水生群落中尤其如此；不过除了作为顶级捕食者的肉食动物外，大型植食动物也能对陆生群落产生关键性的影响。
- 确保关键种在生物群落中的存在是生态保护的重要目标，而在许多生态系统中，作为关键种的大型肉食动物正在遭受人类活动的威胁。

　　生物群落包含数千种动植物，正如前一章所说到的，生态学家总是通过分析食物链来判断这些群落的运作方式。但是，我们也可能问这样一个问题：对于群落的功能而言，是否所有的物种都同等重要呢？如果一个物种被移出之后，它所在的群落会因为丧失了生产力、增加或失去了更多的物种而发生改变，那么，在这种情况下，该物种就是重要的。因此我们不禁要问，群落中一个物种的可替代性究竟有多大？群落中一个物种的丧失又会对其他物种产生多大的影响？这些问题对于保护而言至关重要，因为从极端的角度而言，这个问题问的是物种灭绝的生物学后果。同时，随着濒危物种的名录逐年增长，这些物种也可能走向灭绝，对此我们十分担忧。

丰度是衡量物种重要性的一项指标，我们通过对动物的数量和植物的生物量来计算丰度。让我们先从一个简单的概念入手，丰度最多的物种，即我们所谓的优势种（dominant species），往往在群落动态中扮演着重要的角色。每个营养级都拥有单独的优势种。例如，在北美洲东部，糖枫是部分落叶林中的优势树种，而糖枫的丰度决定着森林群落的物理状况。野牛草是美国堪萨斯州矮草大草原上的一种多年生优势草种。褐旅鼠是阿拉斯加北部北极沿岸平原上的优势植食动物。狼是加拿大与阿拉斯加北方针叶林中的优势捕食者，而且现在也是黄石国家公园内的优势捕食者。

通常，物种利用三个策略形成优势。首先，要快。有时，如果一个物种能快速发现新的生境，快速增加种群数量，就有可能因为最先达到该生境，并在任何竞争者到来之前就取得较高的丰度，而成为优势种。只有一部分物种能通过这种方式成为优势种，并且它们的优势常常是短暂的。这类物种中的许多被我们称为野草。其次，特化，或者说特殊的适应性（specialize）。一个物种如果能够对那些十分常见且广泛分布的资源形成特殊的适应性，那么它自己也能随之变得常见，并成为具有生态优势的物种。例如在美国堪萨斯州矮草大草原，以野牛草为食的物种就能变得十分常见。再次，广普性，这正好与特殊的适应性相反。尽管使用相同资源的物种之间会面临激烈的竞争，但如果有物种能够利用多种多样的食物或资源，那它就能够在数量及生物量上获得优势。只有当这种具有广普性的物种具有极高的竞争力时，它们才能成为优势种。许多优势种都符合这种描述。

既然优势种数量众多，或拥有高生物量，我们就会设想它们应该对群落十分重要。然而，当你从群落中移除一个优势物种后，会有什么情况发生呢？就我们所知，其实并不会发生什么；而这让生态学家们颇感诧异。最惊人的案例来自美洲栗（MacDonald，2003），它从东部落叶林消失后，没有对森林群落的生态系统功能造成任何损失。优势种之所以从群落中移除后也不产生什么影响，是因为它们与其他处在相同营养级的物种间具有很强的竞争关系。当美洲栗消亡后，它们在森林中的位置就被橡树、山胡桃树、美国红枫和杨树占据了——在森林群落中，美洲栗是完全可替代的树种（Good，1968）。当美洲栗消亡后，任何完全依赖美洲栗的植食动物也会随之消亡，然而这样的特化现象其实极为罕见，至少在温带群落中就是如此。与我们的直觉相反，优势种对群落而言并非必不可少，体型大小和丰度并不意味着重要。

岩相潮间带的关键种

那些对维持群落结构至关重要的物种有时是我们意想不到的。它们之所以被称为关键种（keystone species），是因为正如拱门的拱顶石（the keystone）或拱门中间的那块砖头，它们的活动极大地影响着整个群落的结构。

赭色海星（*Pisaster ochraceus*）是北美洲西海岸岩相潮间带群落中的关键种。如果只看大型无脊椎动物，岩相潮间带的食物链还是比较简单的（图 7.1）。赭色海星是岩相潮间带中最常见的大型海星。它们的质量在 1—1.5 千克，颜色颇为多变，从橘色到紫色都有。如果食物充足到能够自由选择的话，它几乎会完全以贻贝为食。当然，它也会取食藤壶、多板纲动物、帽贝和螺类。赭色海星取食贻贝对于岩相潮间带群落的许多物种而言极为重要。

空间是这片生境的关键资源，因为一旦失去稳固的附着表面，这些生物就无法在海浪冲刷的环境下生存。因此在这片生境中，对于空间的竞争就成为重中之重。我们可以清楚地看到，当所有的岩石表面都被生物覆盖时，只要这些生物的结构允许，它们便会一个个叠起来生长。然而，并不是所有的生物对于空间的竞争都是平等

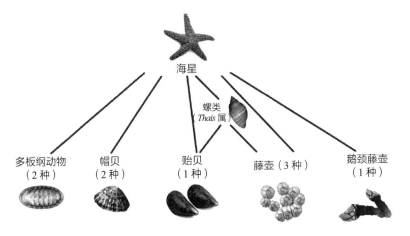

图 7.1　加拿大及美国西北部太平洋海岸的岩相潮间带中，大型无脊椎动物食物链。海星是这片潮间带中的顶级捕食者。（参考文献：Paine，1966。）

的，贻贝在岩相潮间带具备垄断空间的能力。贻贝能够通过强壮的足丝附着在岩石上。当岩石上出现空隙时，它们能通过两种方式完成定居。贻贝的幼体在秋冬季会从浮游生物变为定居生物。而大型贻贝这样的成年个体，则不得不从群体中分离出来移居别处（并非主动定居！），它们会利用波浪把自己冲至一个新的地方，然后再次利用足丝贴附在基质上。当藤壶等其他物种已经占领了一块空间时，贻贝只需要长在它们的上面，就能抑制它们或者直接把它们排挤出去。

贻贝会在岩相潮间带形成一条牢固的带状结构，这条带状结构的上下边界会在多年间保持稳定。贻贝幼体都定居在整个潮间带的岩石上，只有极少数能够在潮下带存活。如果将贻贝的主要捕食者赭色海星从这片区域移除，会发生什么情况呢？ Paine（1966）在华盛顿州海岸的一块岩石表面连续六年移除了海星，这一行为随即对贻贝产生了巨大的影响。贻贝开始向潮下带扩展领域。六年间，贻贝向下推进了大约一米的垂直距离。在向下推进的过程中，它们占领了岩石表面，淘汰了至少 25 种大型无脊椎动物和藻类（图7.2）。在没有捕食者的地点，占据优势且竞争力强的贻贝有能力占据几乎所有的空间，留下的则是一片几乎单一的贻贝群落。在不受干扰的区域，海星只能在海岸特定高度下的范围内取食，因为它们不能长时间忍受待在低潮区时的离水状态。因此，海星正要侵入的时候，贻贝在海岸上分布的带状结构已经形成了。

海星无法将贻贝从潮间带淘汰，因为贻贝在潮间带拥有一处海星无法到达的高位庇护所。除此之外，贻贝还有另一种躲避海星捕食的办法——长成海星无法取食的大体型。海星是通过打开贻贝的两块贝壳来杀死贻贝的，但如果一只贻贝的体型很大，海星便没

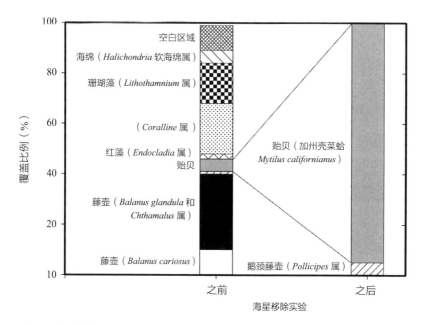

图 7.2　关键捕食者在太平洋海岸岩相潮间带的作用。Paine（1966）在华盛顿州的一块岩相潮间带样地移除了捕食者海星，并在超过五年的时间内观察到群落变为近乎单一物种——贻贝（加州壳菜蛤）的崩溃过程。（数据来源：Paine，1974。）

有足够的力气将其打开。当然，这种诀窍的关键在于，要有足够长的存活时间，才能达到那么大的体型，有些个体碰巧能够做到这一点。由于大体型的贻贝会产生大量的卵，所以这少数个体也会对贻贝种群的繁殖率做出相当大的贡献。

　　当赭色海星被移除后，附着在岩石上的生物群落组成便会发生巨大的改变，所以赭色海星是岩相潮间带中间区域的关键种。关键种拥有与其自身丰度不成比例的生态学影响。通过移除实验，我们就能清楚地识别出它们。在群落中，我们可以通过以下两个特征来寻找关键种：

1. 一些初级生产者（植物）或消费者，能垄断像空间这样的基本资源；
2. 一些关键捕食者或关键植食动物，能够优先消费或破坏资源垄断者。

科学家在新西兰和智利重复了这类海星移除实验，实验对象是取食其他贻贝种类的其他海星种类。结果是完全相同的：在捕食者海星缺失的情况下，各种贻贝表现出占领潮间带中间区域之岩石的倾向。对于全球温带地区的许多岩相海岸而言，关键捕食者的作用应该是普遍存在的。

在自然群落中，关键种究竟有多常见呢？这个问题其实无人知晓，但从保护的角度而言，关键种显然是很重要的。一旦一个群落失去了一个关键种，就有可能失去更多的物种。水生群落的关键种可能比陆生群落的更为常见。

海洋潮下带的关键种

20 世纪 70 至 80 年代，海獭是北太平洋的关键捕食者。在更早的历史上，它们曾经数量众多，但在 19 世纪却因皮草贸易而大幅减少，到 1900 年几近灭绝。受到国际条约保护后，海獭的数量开始增长。到 1970 年时，海獭已经在大部分区域得到恢复，已接近原有的最大密度。海獭以海胆为食，而海胆则以大型海藻（海带）为食。在早期的博物学观察中，人们曾发现，在海獭丰度高的区域，海胆较为少见，而海带森林则生长茂盛。同样，在海獭稀少的地方，海胆很常见，海带则不存在。因此直到大约 1990 年，海獭都可以作为海洋潮下带群落关键种的良好范例。过去 20 年间，在阿拉斯加西部的大片区域，海獭的数量以每年 25% 的速率骤减（图 7.3）。海獭的消失使海胆数量增加，随之而来的就是海胆对海带森林的破坏。

虎鲸被怀疑是造成海獭数量下降的原因。虎鲸原有的猎物——哺乳动物（海豹、海狮）和鱼类的数量减少了，所以虎鲸在过去 20 年里开始攻击海獭。鱼类减少的原因可能是人类在北太平洋的过度捕捞，这表明，食物链内的互动关系能通过这种意想不到的方式从顶级捕食者蔓延至底层植物。20 世纪 80 年代，当作为虎鲸猎物的海豹与海狮数量仍充足时，海獭是这个生态系统的关键种。但随着过去 20 年间海豹与海狮数量的减少，虎鲸就成了这个食物链的顶级捕食者，并产生了如图 7.3 所示的结果。

陆地生态系统的关键种

陆地生物群落也能显示关键种的作用。东非地区的象就在两个方面体现了它作为关键种的作用。其一，正如前一章所描述的，象会对植物群落产生影响。自发的火灾和象的活动均有助于保护东非的草地和草原生境。其二，类似象这样的大型哺乳动物，它们的存在或缺失都会对草地上小型哺乳动物和蛇类的丰度产生影响（McCauley 等，2006）；这就类似于虎鲸在北太平洋生态系统中所起的作用。这两者都是大型哺乳动物对它们所在的群落产生影响的案例。识别关键种的方法是通过设计一种实验来实现对关键种

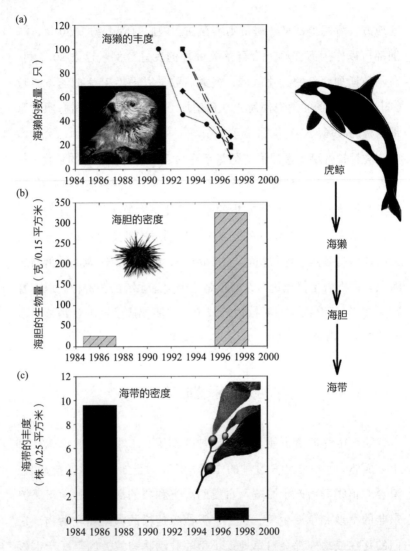

图 7.3 海獭是北太平洋的关键捕食者。在阿留申群岛的几个岛屿上，海獭的丰度随时间而变化（图 a 所示），同时发生变化的还有海胆生物量（图 b 所示），以及海带的密度（图 c 所示）。其中的食物链如图右侧所示。20 世纪 90 年代，虎鲸上升为顶级捕食者，导致海獭数量下降、海胆丰度增加以及海带减少。（改编自 Estes et al., 1998。）

的操控。在这种实验研究中，科学家们提出这样一个问题：如果在草地上划出一片区域，将象和诸如斑马等其他大型植食动物隔离在外，那么草原群落中的其他成员会怎么样？ Young 等人（1997）于 1998 年[①] 在肯尼亚一块四公顷的土地上建造了一排围栏，将大型植食动物隔离在外。McCauley 等人（2006）于 2002 年至 2005 年调查了小型哺乳动物和蛇在围栏内外的丰度。南非囊鼠（*Saccostomus mearnsi*）是该区域丰度最大的小型啮齿类动物，一种捕食小型哺乳动物的游蛇（*Psammophis mossambicus*）则是最常见的蛇。排除实验的结果如图 7.4 所示。

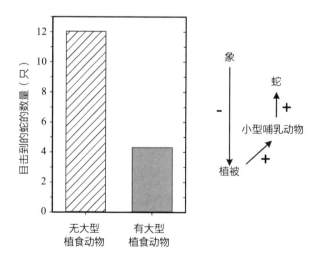

图 7.4　东非地区象对蛇类丰度的影响。部分食物链如图右所示。象通过吃草减少了地被植物。当象被移除后，植物变多了，小型哺乳动物的丰度也随之增加，这又吸引了更多以小型哺乳动物为食的蛇类捕食者。（数据来源：McCauley et al., 2006。）

————————

① 论文发表时间是 1997 年，但此处说开展工作是在 1998 年。可能有误。——译者注

象与蛇之间没有直接的联系，蛇一遇到大型哺乳动物就迅速闪躲让路。但是，象的丰度却能对蛇产生非直接的影响，更多的象意味着更少的蛇，但其中的生态学路径则是通过植物和啮齿动物的丰度实现的。啮齿动物种群的增长是对更多植物的响应，蛇类种群的增长则是对更多啮齿动物的响应。

无论是现在还是过去，人类都是地球上最重要的关键捕食者。化石记录中所显示的其中一次大灭绝事件，就直指人类作为关键捕食者，曾经对大型哺乳动物和鸟类产生过重大影响。大约 50000 年前，所有的大陆都分布着超过 150 个属、体重大于 44 千克的巨型动物。10000 年前，这些动物中有超过 97% 都灭绝了，这也是我们所知的最大的大型动物灭绝事件之一（Barnosky 等，2004）。由于这些大型动物的消失主要发生在更新世冰河时代末期，所以它们常被称为"更新世大灭绝"（the Pleistocene extinctions）。这类灭绝事件凸显了两大特征。首先，只影响大型哺乳动物，而不同寻常的是，小型哺乳动物和植物并没有同时消失。其次，灭绝并非同时发生在不同大陆（图 7.5）。

那些已消失的巨型动物的体型之大是我们现在难以想象的：巨袋鼠重达 250 千克，站立时身高达 3 米；巨海狸重达 200 千克，体型比现代海狸大了接近 10 倍；乳齿象和猛犸象的肩高可达 4 米，重达 10 吨。全世界的博物馆都摆满了这些动物的遗体标本。

为什么这些大型动物会消失？关于灭绝的原因，目前有两条假说被广泛接受。人为假说或叫"过度杀害"假说认为，早期人类的狩猎行为以及燃烧植被所导致的生境变化，共同造成了这些大型动物的灭绝。另一种假说认为，气候的急速变化宣判了这些大型动物

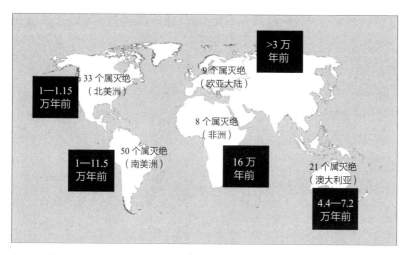

图 7.5　大型动物在更新世晚期的灭绝情况（从距今 12 万年前到 1 万年前）。大型脊椎动物的灭绝数量显示在各大陆的地图上。黑色框显示了人类到达各大陆的时间。在人类到达各大陆的时间与巨型动物灭绝的时间之间，存在着一种紧密的但却不完美的联系。这里所展示的并不包括毛利人到达新西兰后所发生的恐鸟灭绝事件，因为这一事件发生在最近的一千年里。（数据来源：Barnosky et al.，2004。）

的灭绝。目前，现有的大多数证据都偏向于支持人类因素才是造成这些灭绝的主要原因（Zuo 等，2013）。图 7.5 展示了这些灭绝是如何在不同的时间于不同的大陆上演的。而且，不出所料的是，这些灭绝出现的时间与更新世晚期人类到达这些大陆的时间相一致。在澳大利亚，主要灭绝事件发生的时间要比北半球的其他灭绝事件早很多。南美洲大型动物的灭绝图景则没有那么清晰，因为与北美洲同样的灭绝事件相比，南美洲所发生的灭绝事件经历了更长的一段时间（Barnosky 和 Lindsey，2010）。

最要命的是，我们今天在世界上仍然能够看到的这些大型动物，仅仅是已经灭绝了的众多大型哺乳动物和鸟类的一个小小的子集。这些动物灭绝的时间并不长，而它们的灭绝很大程度上是由人类导致的，因为人类在其中扮演了一个能够取食食物链上的任何部分的主要关键种的角色。

黄石公园的狼

20世纪50年代，狼几乎在美国西部灭绝了，在这种压力下，人们将狼重新引入其种群已经消失的大型国家公园。由于黄石公园生态系统面积巨大，所以这里成为狼重引入的首选。为了改善狼灭绝之后的各种生态问题，1995至1996年，来自加拿大的狼被释放在黄石公园。其实，自从最后一只黄石公园的狼在1926年消失，公园的生物学家就开始担心马鹿在其冬季草场内的取食行为会对植被产生影响。于是，从20世纪30年代开始到1968年，公园的管理方都对马鹿实施选择性捕杀。在公园改变政策，停止对马鹿的选择性捕杀后，马鹿种群从估计只有3000只出头的最低点，迅速增长为1994年时的约19000只。对于被引入的狼而言，这些马鹿就是最初的食物。此外，灰熊通常也会捕杀马鹿的幼崽，同时也会以马鹿的尸体或其他被狼捕杀的有蹄类动物的尸体为食。图7.6显示了在狼重引入后，马鹿的种群数量是如何下降的。

尽管狼对于控制马鹿的种群密度具有重大的作用，但这种作用并没有像人们所设想的那样沿着黄石公园的食物链逐级下降。由狼所造成的马鹿数量减少所产生的最重要的作用，应该是使那些被马鹿破坏的植被恢复回来。这其中就涉及马鹿的取食活动对颤杨树（*Populus tremulodies*）的影响。从20世纪20年代起，美国西部大

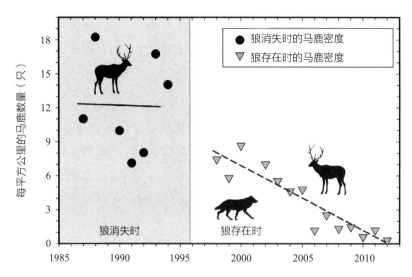

图 7.6　黄石公园北部山脉的东部区域在狼重引入前后的马鹿密度。（数据来源：Ripple et al., 2014a。）

部分地区的颤杨种群数量都开始下降。究竟是什么原因造成了这种下降，成为许多科学调查所关注的问题。其中，马鹿的取食作用也是被推测的原因之一。作为一个保护问题，颤杨种群的下降涉及很多内容，其中就包括颤杨能够为马鹿和鸣禽提供重要的栖息场所。

　　许多物理因子是驱动食物链运作的动力，而这些因子也应该被用来一起解释颤杨种群恢复行动失败的原因。例如火对处在恢复过程中的颤杨种群的播种具有强烈的影响，而在一些生态系统中，火甚至比马鹿取食作用的影响还要重要（Eisenberg 等，2013）。降水和温度也影响植物的恢复，那些认为只有马鹿的取食活动能对颤杨种群恢复产生影响的简单想法，需要得到修正：其他的环境驱动力也能对颤杨种群恢复产生影响。不过毫无疑问，正是由于人类造成了诸如狼或美洲狮这样的大型捕食者的消失，才使得那些有蹄类动物形成了过于密集的种群，进而对植物的生长以及群落中其他物种的生存产生了强烈影响。作为食物链中的一个强劲驱动力，目前人类因素所发挥的作用与其过去在更新世时期所发挥的一样（图7.5）。对于公园来说，狼的重引入的确成了一项有效的管理工具，但却使国家公园外的牧场主们付出了代价。同时，像狼这样的大型捕食者，在空间尺度上具有巨大的活动范围，这将使那些为人类的农业活动所广泛利用的区域里的生态系统管理问题更为复杂。

大型肉食动物的保护

最大的陆地肉食动物往往是生态系统关键种的首选代表。它们的领域范围宽广，种群稀少，处在食物链的顶端。同时，它们也是一些最濒危的物种。在过去的 200 年里，全世界大多数肉食动物都经历了大规模的种群下降。它们对食物的特殊需求以及活动范围宽广的习性，常常造成它们与人类和牲畜之间的冲突，这正如我们在上一节所提到的黄石公园的狼的故事。人畜冲突，再加上人类对冲突的无法容忍，致使它们从濒危走向灭绝。

栖息地的丧失、直接被捕杀以及猎物资源的枯竭，使大型肉食动物面临着灭绝的威胁。由于它们在群落结构中具有重要影响，许多大型肉食动物是关键种的代表。图 7.7 中的五个物种就展示了关键种所具有的清晰影响特征。维持或恢复大型肉食动物在生态上的有效密度，是维持不同生态系统结构和功能中重要的保护议题。人为的管理活动不可能轻易地代替大型肉食动物的角色。

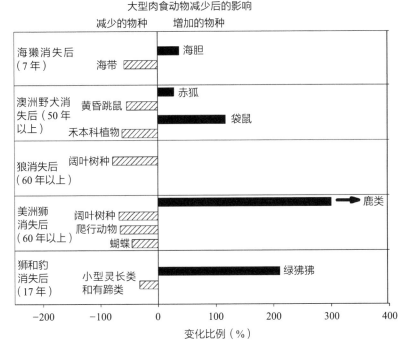

图 7.7 大型肉食动物消失后群落发生变化的五个例子。图中还包含了大型肉食动物消失后的年份。每个物种群体丰度的变化比例数值，是通过捕食者消失时的种群数量除以有捕食者存在时的种群数量而得出的。朝向右侧的黑带表示大型肉食动物消失后对其他物种的正面影响，朝向左侧的条纹带则表示大型肉食动物消失后对其他物种的负面影响。美洲狮消失后，鹿类表现出惊人的应答，实际数值已经超过了右侧的方框。（数据来源于并修改自 Ripple et al.，2014b。）

　　在人们的传统观念中，大型肉食动物对群落的影响，通常指的是这些捕食者会使得诸如鱼类或家畜等资源大幅减少。这种假设仍然被用在一些地方野生动物管理的实际操作中，他们的目标是减少或根除这些捕食者。这种关于肉食动物的观点目前已经过时。大型肉食动物在生态系统群落中所扮演的角色是复杂而多变的，它们同时也能为人类带来多样的社会和经济影响，其中就包含着多种效益——这些效益足以抵消甚至超过它们所造成的家畜损失。对于它们的保护设计，首先必须考量大型肉食动物的重要生态作用和肉食动物消失所造成的经济损失。

本章小结

确定物种在食物链中的相对重要性其实是很难的。生物群落中也许并不存在所谓即使消失也不会对群落结构和功能造成影响的物种。优势物种指的是那些占据群落中大多数数量或生物量组成的物种，如果一个群落中优势物种将要消失，那么这个优势物种通常就是可以被替代的。这与我们的基础认知恰恰相反。我们常认为，一个物种数量越多就一定越重要。关键种通常在群落中相对稀少或者生物量并不高；然而一旦它们消失了，生态系统将会发生剧烈的重组。识别关键种的最好方法就是移除实验，相对于陆地生态系统，这种方法更常见于淡水生态系统。如果关键种能够被重引入它曾经消失过的区域，那么在恢复生态学中，关键种将至关重要。许多大型肉食动物是顶级捕食者，如果它们被人类移除了，那么它们在群落中潜在的关键作用就有可能被显现出来。狼就是最好的案例。

自然系统
是演化的产物

- 演化不仅发生在过去，也在当前不断继续，然而演化现在正受到人类农业、林业、医药业活动以及气候变化的强烈影响。

- 那些在农业中使用的除草剂，医药业中使用的抗生素，以及在有害生物控制中使用的药剂，都已经分别对有抗性的杂草、病原微生物以及诸如鼠类等有害生物的演化产生了影响。

- 植物和动物可以通过基因上的变化去适应气候变暖，但相对于气候的快速变化，对于大型生物而言，自然选择的发生时间却很缓慢。我们对基因变化的范围知之甚少，以至于我们难以乐观地预言地球上的生物多样性应对气候变化的能力到底如何。

回顾整个演化史，会使生态学家们保持谦逊；人类在地球上仅仅存在了很短的一段时间，我们却对已经演化了亿万年的地球生命施加了不对等的剧烈影响。演化已经为我们今天在不同大陆的动植物生命上所看到的奠定了基础，而在本章中我们关注的是人类如何从正反两面，对演化的路径产生了影响或正在产生影响。

我们能否运用那些关于现代社会如何从过去演变至今的完善的知识，来帮助我们设计出更好的林业或农业系统呢？生物在多大程度上受缚于过去的演化事件呢？为了控制有害物种或应对疾病暴发，我们所做出的那些短浅决定是否促进了有害物种的发展？这些都是生态学与演化生物学的交叉领域中的重要问题，而且也属于生物学中一个颇为活跃的研究领域。

演化有两种形式，它或者是查尔斯·达尔文所指出的那种物种受变异驱使而产生的具有一定方向性的演化，或者是那种在生物体上持续许多世代才在性状上表现出的累积式变化。达尔文的过人之处就在于，指出了演化的机制是自然选择。自然选择是一个过程，它来源于人们的三项基本观察：（1）不同个体间出现了一些特征的变异（例如眼睛的颜色或体型的大小）；（2）在繁殖过程中产生一致的变异，或者在幸存个体中拥有这种变异后的特征；（3）亲代和子代之间存在特征继承关系，或者亲代和子代的特征之间具有相似性。自然选择的过程促使生物适应它们所居住的环境。那些使得生物具有更高的繁殖率或更好的生存率的性状就是有利的特征。那些具有这些有利特征的个体就是"被选择的个体"，并且它们的这些特征在经历数个世代之后，将在这个物种的种群中变得越来越普遍。不过因为每个物种所处的环境不仅不一致，并且十分多样化，所以自然选择并不会为各种生命创造出一个共有的"完美"模型。

尽管有人认为我们人类已经进步到超越了自然选择的限制，但人类仍然遵从自然选择的规律。与人类出生体重相关的自然选择，就是一个好例子。图 8.1 显示在美国，新生儿体重在约 4.2 千克时，死亡率最低，这一体重略高于记录到的新生儿平均体重 3.4 千克。体重过轻的新生儿更易死亡，因此他们将无法传递自己的基因，而且即使是在现代医学的保护下，体重过重的新生儿也面临着激增的死亡风险。尽管从 2000 年至今已经有 14 年的医学发展，但美国新生儿的出生死亡率相比于 2000 年时只有很小的变化，只是略微降低而已。

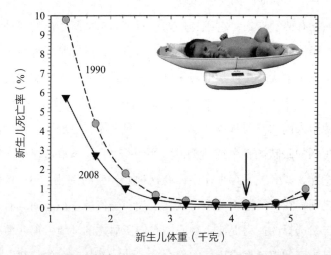

图 8.1 人类新生儿体重的自然选择。数据来源为 1990 年至 2008 年的美国新生儿。新生儿出生的最佳体重为 4.2 千克（如箭头所示），但在 3.2 千克至 4.8 千克这样一个宽泛的范围内都存在较低的死亡率。伴随着医学的进步，新生儿死亡率已经持续下降，所以 1990 年的弧线高于 2008 年的弧线。（数据来源：Mathews and MacDorman，2012）

啮齿类抗毒性的演化

如果我们不小心行事，演化还会往对我们不利的方向发展，而这正如在鼠类控制中所施用抗凝剂的历史所表明的那样。在城市和乡村，控制鼠害所投放的最主要药剂是抗凝剂。第一代抗凝剂是华法林 ①（由威斯康星校友研究基金会在 1948 年申请到专利）。华法林能够阻止哺乳动物的血液凝固，并且人们几乎立即就发现了它在阻止血液凝固上对那些中风易感人群有很好的药效。然而，更大的剂量则对哺乳动物和鸟类有毒。在华法林多变的商业名称中，它被认为是城市和乡村鼠害的解决方案，但早在 1958 年，人们在威尔士地区就发现了对华法林具有抗性的褐家鼠（*Rattus norvegicus*）（Buckle，2013）。尽管单在英国就发现了五种针对抗凝剂抗性的突变，然而在欧洲大陆的褐家鼠身上，人们仅发现有一处或两处与此相关的基因突变。在欧洲的不同地点，对第一代抗凝剂的抗性其实都是独立发展出来的（图 8.2）。

鼠类在 20 世纪 50 年代和 60 年代对华法林所产生的抗性，促使人们在鼠类控制管理上做出回应，那就是在 20 世纪 70 年代研制出了具有更大药效的第二代抗凝剂，而正因如此，这些抗凝剂在施用时更加危险。现在的重要问题就是，褐家鼠和小家鼠是否对第二代抗凝剂发展出了类似的抗性（表 8.1)(Pelz 等，2012）。举例而言，目前在英国，褐家鼠、屋顶鼠、小家鼠均已对第二代抗凝剂产生了抗性，这使得在城市和乡村控制鼠害愈发困难（Buckle，2013）。

---

① 即苄丙酮香豆素。——译者注

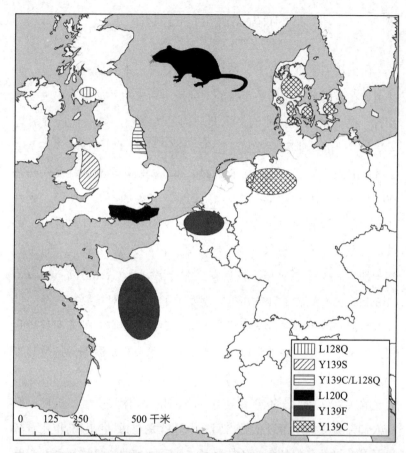

图 8.2 西欧地区啮齿类种群对抗凝剂产生抗性的不同地理起源。那些从野外捕捉的携带有对华法林抗性的鼠类所分布的区域即是华法林抗性区，如图所示。不同突变所赋予的抗性变现为不同的形式。也可参看表 8.1。（来源：Pelz et al., 2005。）

  在欧洲的大部分地区，抗凝剂灭鼠药仍然可以在控制褐家鼠上发挥效力。但是，针对抗凝剂所产生的抗性已经广泛出现，并且已日益威胁到对鼠类的有效控制。不同国家的监管部门都在关注抗凝剂灭鼠药所具有的潜在环境影响。出现在野生动物体内的第二代抗凝剂残余已经持续增长。例如英格兰有大约 90% 的仓鸮（*Tyto alba*）体内发现有携带灭鼠药的残留，这样的残留几乎同样出现在分布于那里的红隼（*Falco tinnunculus*）[1]和赤鸢（*Milvus milvus*）体内（Buckle，2013）。

为了控制有害物种而施用药剂就好比一场军备竞赛。我们为了控制有害物种而不断开发新的药剂，但久而久之动物和植物便会发展出抗性。然后我们进入另一轮药剂开发的回合，但紧随而来的便是更强的抗性。这便是在短时间内演化正在发生的一个完美案例。

表 8.1　2005 年不同国家褐家鼠（*Rattus norvegicus*）、屋顶鼠（*Rattus rattus*）、小家鼠（*Mus musculus*）对第二代抗凝剂的抗性

国家	褐家鼠	屋顶鼠	小家鼠
比利时	+		+
丹麦	+	+	+
芬兰			+
法国	+	+	+
德国	+	+	+
英国	+	+	+
意大利	+		
荷兰	+		+
瑞典			+
瑞士			+
加拿大	+		+
美国	+	+	+
日本		+	
澳大利亚		+	

---

[1] 原文学名误写为 *Falcon tinnunculus*。——译者注

野草与除草剂

在过去的 70 年里，全球农业系统发生了翻天覆地的变化，其中一部分是由人口数量的增长所致，但最主要的原因是农业科技的革新。当普通除草剂于 1945 年发展起来后，杂草管理就成为一项重要的社会革新。所谓使用除草剂，简便的操作是，在种植农作物之前在农田中向杂草喷洒除草剂。不过一旦农作物具备对除草剂的抗性，那么种植农作物之前就喷洒除草剂便不失为一种更有吸引力的选择。许多主要农作物在 20 世纪 90 年代都被培育出了对除草剂的抗性。自那时起，广泛采用的除草方法变为播种那些具有抗性的农作物，随后喷洒除草剂，如此一来就能杀死所有杂草，但却不会对农作物产生影响。在短时间内，这些除草剂变得十分有效，这种策略的确起了作用。不过，由于自然选择对这些具有除草剂抗性的杂草进行着持续的筛选，所以随着时间的推移，如今这种方法并不怎么奏效。

每一种农作物系统所要面临的最主要的问题之一就是杂草。许多研究已经指出，杂草是造成农作物产量下降的最大潜在因素，它造成了世界范围内大约10%的实际成本损失。自20世纪60年代起，由杂草造成的农作物产量损失的比例仅有一点点变化。这说明，那些植物保护公司、农作物繁育商、农民以及从事杂草研究的科学家们，已经深陷杂草管理的军备竞赛中。杂草对除草剂抗性的演化过程正是演化正在发生的另一个案例。自 20 世纪 60 年代除草剂抗性被首次报道以来，经确认，对各种各样的除草剂具有抗性的杂草已经扩展到 189 个物种（Neve 等，2009）。在一些杂草物种中，其种群已经演化出了多重抗性，即对一种除草剂产生对应的抗性成为对其他类型除草剂产生抗性的必要开关，抗性随即通过多重的独立机制而进一步演化。由于新除草剂的发明速率已经大幅下降，而杂草对除草剂的抗性却在不断增长，在这种情况下，所谓的军备竞赛正在消失。随着杂草控制技术的发展，自然选择对于那些能够产生更多抗性的杂草而言，也将会不断增强。

发明于 20 世纪 70 年代的草甘膦曾经被认为是杂草控制新纪元的开端，但草甘膦的耐受性于 20 世纪 90 年代就出现了。草甘膦（N-〔膦羧甲基〕- 甘氨）是世界上销量最好的除草剂，而且草甘膦曾经被推销成一种比其他现有的任何除草剂都更完美的除草剂。草甘膦能杀死几乎所有的草本植物。与之形成对比的是，草甘膦曾被认为对包括人在内的动物无害。草甘膦还曾被假设为能够在土壤中因微生物的降解作用而快速失活。由于草甘膦仅仅靶向植物的新陈代谢通路，所以它曾被认为对非靶向目标的生物是安全的。在草甘膦的作用下，那种在减少土地侵蚀和养分淋失[1]的同时，还能不破坏土壤结构和功能的免耕种植[2]成为可能。在杂草养护管理的背景下，草甘膦也可以在林业中被作为脱叶剂来控制入侵物种。世界上那些已经种植了草甘膦耐受性农作物的区域，目前正在经历杂草对草甘膦抗性的高水平演化筛选（Helander 等，2012）。同时，所有有关草甘膦安全性的声明可能都言过其实。

为了调查杂草中草甘膦耐受性的变化率，科学家们于 2001 年至 2011 年在加拿大东部草原区 77000 公顷农田内，开展了两次主要针对

---

① 养分淋失（nutrient leaching）：指土壤中可溶性养分随渗漏水向下移动至根系活动层以下所导致的养分损失过程。——译者注

② 免耕种植（no-till cropping）：指不用犁耙整地，直接在茬地上播种，作物生长期也不使用农机具进行土壤管理的耕作方法。——译者注

谷物的持续调查（Beckie 等，2013）。图 8.3 显示了在这片大范围的农业区域使用了主要除草剂后，抗性的快速增长率。其中显示抗性的演化倾向发生了变化，一些杂草物种比其他物种表现出更强的抗性倾向（Heap 和 Lebaron，2001）。在多数极端案例里，针对某一种特殊的除草剂，杂草种群的抗性演化只需要不到三个或四个世代就能完成。在理论上，除草剂抗性是全球杂草管理科学中最大的单一问题。

农民们可以通过使用多种杂草控制手段来反击杂草的除草剂抗性。目前对于杂草控制，人们已经很清楚地意识到只依赖除草剂是不够的，甚至每年都使用不同除草剂混合的方法也不行。物理控制（例如割草）或者改良惯常的农业实践（例如避免农作物的单一栽种）有助于杂草控制。目前东南亚所开发的水稻种植设施，就是一个综合使用多种方法的好例子，可以应用在杂草管理中（Chauhan，2012）。

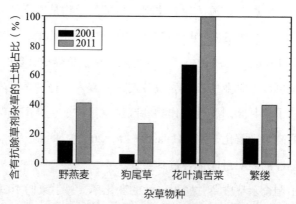

图 8.3 2001 至 2011 年加拿大东部草原区省份中含有抗除草剂杂草的农业用地的比例变化。在这十年间，杂草中的除草剂抗性几乎翻倍。这些杂草物种包括野燕麦（*Avena fatua*）、狗尾草（*Setaria viridis*）、花叶滇苦菜（*Sonchus asper*）[①]以及繁缕（*Stellaria media*）。（数据来源：Beckie et al.，2013。）

---

① 本书英文版中学名 *Souchus asper* 有误。——译者注

　　水稻是世界上一半以上人口的首要食物来源，而世界范围内超过 90% 的水稻种植并消耗于亚洲。水稻旱播，乃是一些国家水稻种植的新方法，正在取代传统的人工移栽幼苗技术，而这同时也是种植者对于成本增加以及劳动力和水资源的减少所作出的回应。然而，当作物生根时，农作物的种子和杂草的种子在大小上几乎没有差异，所以杂草仍然是水稻生产的最大约束。除草剂被用在旱播水稻中控制杂草，但出于对除草剂抗性演化的担忧以及由于新型除草剂的缺乏，人们有必要将除草剂与其他的一些杂草管理策略配套使用。另外，在水稻这种农作物中，不同的杂草物种有着不同的生长模式，所以任何单一的杂草控制方法都不能提供有效的控制。人们采用的杂草控制策略包括：采用一种特殊的耕地系统运作模式，即在水稻套种之前先灌溉水稻田，使得杂草种子萌发，然后在耕作过程中杀死这些杂草；使用比杂草更具竞争力的水稻品种；农作物出芽后控制水位深度；采用最佳行间距；手工除草；以及在适当的时机使用除草剂。在水稻耕种中，除草剂的使用虽然是杂草控制的重要组成部分，但它并非唯一的方法（Chauhan，2013）。

微生物对抗生素的抗性

　　抗生素在 20 世纪的使用，极大地降低了当时的人口死亡率。但随着抗生素在医药业和食物生产中的持续过度使用，人类的病原体已经得到了抗性筛选，从而日趋削弱了抗生素的功效。高频度的病原体抗性使抗生素治疗感染的效力显著减弱，进而增加了并发症的危险和致死率。病原体对抗生素的抗性的增长，增加了卫生保健系统的经济负担。如果我们仍然想保持抗生素的功效，这一情况就必须反转回来。

自从 1937 年磺胺药物（或者磺胺制剂）作为第一种抗菌剂面世以来，每一种独特抗性机制的出现都困扰着这些抗生素在医疗上的应用。20 世纪 30 年代晚期，对于磺胺药物抗性的报道开始出现，同样的抗性机制在之后的 80 年里依旧在发挥作用。青霉素于 1928 年由亚历山大·弗莱明发明，但当青霉素作为医疗用药仅仅几年后的 1940 年，人们就发现细菌已经通过产生抗性而对青霉素具有预适应能力。在抗生素被广泛使用的 20 世纪 40 年代，对抗生素具有抗性的菌株开始流行。1944 年，用于治疗肺结核的链霉素刚被发明出来，那种突变菌株几乎立即就被科学家们发现了，而这就是结核分枝杆菌（*Mycobacterium tuberculosis*）对抗生素治疗时的浓度所产生的抗性。其他被发明出来的抗生素被应用于临床后，类似的结果也随之而来。图 8.4 按照时间先后顺序展示了不同抗生素的发明时间和抗性的出现时间。

20 世纪 50 年代中期，日本人发现抗生素的抗性能够在基因层面进行传递，这个意想不到的发现改变了整个抗生素的应用状况。细菌可以通过结合的形式引入异端外缘基因，从而传播所收集的抗生素抗性基因，随即使其遍布整个细菌病原体种群。人们仅仅在过去的数年里，才认识到基因交换是细菌的普遍属性，但在微生物演化过程中，这种情况已经发生了亿万年之久。随后人们在鸟类和哺乳类中也发现了含有细菌的基因片段，这才提高了对演化过程中非近源物种之间基因转移的重大作用的认识。基因转移发生在不同的细菌物种之间，并且人们在不同的细菌属中发现了相同的致病基因。

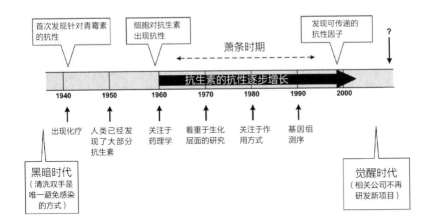

图 8.4 不同抗生素的发现时间及其抗性的发展过程。1940 年以前属于黑暗时代，为了避免感染，人类唯一的应对措施就是清洗双手。1950 年开始标志着一段黄金时代，即人类已经发现了如今所使用的大部分抗生素。紧随其后的则是一段新型抗生素发现和发展缓慢的萧条时期。到了 1960 年，药理学试图通过调整剂量来改善抗生素的使用。到了 1970 年，人们在生化层面不断积累有关抗生素作用和抗性机制的知识，推动了避免抗性的进一步发展的化学改性研究。1980 年起，有关作用机制及基因的研究开始引导新型抗生素的研发工作。到了 1990 年，基因组测序被应用于抗生素靶向预测。此后便开启了一段觉醒时代，即许多公司在以基因为主的研究方式上进行了巨大投资，最终却以失败告终。这使得他们终止了许多研发项目。在抗生素被发现之前，1847 年伊格纳兹·塞梅尔维斯（Ignaz Semmelweis）就主张清洗双手是一种避免感染的方式；如今，为了避免传染，这一操作方式仍值得强烈推荐。（文献参考：Davies 和 Davies，2010。）

　　随着人类使用抗生素，许多与人类流行病相关的细菌病原体已经演化出了多重抗性。而在发展中国家和工业化国家，那些具备多重抗性并引发结核病的结核分枝杆菌已成为主要病原体；它们已经成为过去致命性病原体的 21 世纪新版本。一系列现在被称为"超级细菌"的细菌造成了包括医院交叉感染在内的其他多种严重传染病，多重突变赋予了这些细菌对于所有现存抗生素的高度抗性，进而增加了人致病死亡的可能性。

那些具有抗生素抗性的病原体的出现和传播，催生出了为数众多的在基因层面对抗性发育的研究。在很长时间内人们曾经认为，微生物为了获得抗性，将遭受很大的能量损失，以至于在同一物种的内部生存竞争中，抗性菌株没有非致病性菌株有利。在同一种细菌中，具有抗性的菌株的增长速度明显慢于不具抗性的菌株。作为这种适应性减少的结果，多重抗性菌株在缺乏选择的情况下曾被认为是不稳定的和短命的，以至于不会传播到健康的人类身上（Andersson，2006）。如果这些发现是正确的，就意味着抗性是可逆的，那么所需的抗生素的使用量也将减少。依照这种思路，超级药物就应该能够解决问题。然而不幸的是，事实并非如此。

最近的研究显示，具有抗性的微生物并不会因为我们减少了抗生素的使用而消失（Davies 和 Davies，2010）。即使抗生素的选择压力不复存在，具有抗性的细菌仍然能够存留很长时间。这些研究结果强调：我们仍然有必要发展新的抗生素；与此同时，为了减少抗性加剧的风险，我们必须谨慎使用抗生素。微生物的抗性演化，是快速演化的范例，而这也正是公共健康领域所面临的主要问题。针对各不相同的细菌、运用不同毒性机理而设计的药物，其数量毕竟有限。在过去 30 年间，人们只发现了寥寥数种新的有效分子，这正凸显了在医学界谨慎使用抗生素的重要性（Bourguet 等，2013）。

欧洲穴兔的黏液瘤病

欧洲穴兔（*Oryctolagus cuniculus*）于 1859 年被引入澳大利亚，它们的种群在仅仅 20 年的时间里就增长到了极高的密度。第二次世界大战后，为了降低兔子的种群数量，人们散播了一种被称为黏液瘤病的病毒。黏液瘤病起源于南美洲的棉尾兔（*Sylvilagus brasiliensis*）。在原始宿主身上，黏液瘤病只是一种很少杀死宿主的中度威胁疾病，但是在欧洲穴兔这个新宿主身上，它却是致命的。黏液瘤病是通过作为中间宿主的节肢动物（尤其是蚊子和跳蚤）的叮咬来传播的。

当黏液瘤病于 1950 年最早被引进至澳大利亚时，它们对欧洲穴兔具有高致死率，能杀死超过 99% 的感染个体（图 3.4，第 53 页）。黏液瘤病同样于 1952 年被引至法国，并由法国传向整个西欧。1953 至 1955 年，当这个疾病第一次爆发时，整个英国 99% 的欧洲穴兔种群都被杀死了。

仅仅在这种疾病被引入后很短一段时间，英格兰和澳大利亚就监测到了更弱一些的黏液瘤病毒株（Fenner 和 Ratcliffe，1965）。自从黏液瘤病毒被引入英国和澳大利亚后，演化就在病毒和兔子身上同时发生。病毒的毒性逐渐变弱，它们所杀死的兔子数量越来越少，并且需要更长时间才会致死。因为蚊子是这种病毒的主要中间宿主，所以从宿主接触病毒到死亡的这段时间对病毒的传播极为重要，而且毒性更弱的病毒在传播方面具有更大的优势。通过对标准实验用兔（家养驯化的欧洲穴兔）进行病毒抗性测试，病毒学家可以利用使兔子始终保持在易感状态的方法，推算出病毒正是在这期间发生变化的。自 1951 年起，在野外种群中，弱毒等级的病毒逐渐取代了强毒等级的病毒。与此同时，兔子也变得更具有抗毒性。通过采用不变的实验室病毒源测试野外兔子种群，病毒学家们发现，自然选择已经使得在面对这种外来引入的疾病时，兔子们的抗性一直在不断增长。

大多数人曾经推测，所有的疾病都会与黏液瘤病具有相同的表现，随着时间的推移，其毒性会逐渐减弱。这种让人们欣慰的想法，现在已经被认为是错误的（Ebert 和 Bull，2003）。人类的介入引起了寄生生物和病原体的演化，许多科学家都对这种介入所引发的威胁表示出了越来越多的担忧（Mennerat 等，2010）。新的寄生生物（包括病原体）不断形成，而那些从前被认为已经在人类掌控下的寄生生物也正在重新出现，有时甚至是以高致病性的形式重新出现。而这种重新出现也许就是人类活动所驱使的寄生生物的演化现象，其中就包括与现代农业实践相关的生态变化。集约农业为寄生生物的增长和传播提供了条件，而这样的传播与寄生生物在原来的野生宿主上的传播完全不同，并且可能因此促使寄生生物在毒性上发生自然选择。尽管近年来的流行病暴发突出了集约农业所带来的相关危险，但大多数的讨论仍然聚焦在那些由寄生生物所带来的短期经济损失上，例如在家畜身上作为化学试剂使用的毒素的昂贵成本。通过将寄生生物生活史的现有知识和农场寄生生物在特定条件下所表现出的毒性关联在一起加以考察，生态学家们已经预测了集约农业所造成的演化结果。集约农业的运作方式就像是为了选择那些能够快速生长、更早传播以及因此更具毒性的寄生生物似的。

　　在过去的 25 年里扩展了 10 倍的全球海洋养殖业，也同样很好地反映出这种问题。对于像鲑鱼这样具有迁徙习性的海洋鱼类来说，大量个体聚集在很小的区域所引起的种群密度剧增往往与另一种变化联系在一起。就像在夏季才会出现的鲑鱼一样，迁徙的鱼类往往季节性出现。但与此不同的是，由于海洋养殖业的发展，在近岸海水中，如今全年都有鲑鱼出现，这恰好为寄生生物提供了高度可预见的资源，以及一个方便它们传播的拥挤种群。在芬兰，鲑鱼和鳟鱼身上毒性越来越强的寄生细菌菌株，已经促使当地尝试将抗生素用于饲养鱼类的治疗（Mennerat 等，2010）。

　　为了减少寄生生物的种群数量，水产养殖业已经通过在水产养殖场使用抗生素、杀虫剂或者其他有毒物质来做出回应。在养殖的鲑鱼身上的海虱（*Lepeophtheirus salmonis*）就是颇具争议的典型问题（Peacock 等，2012）。图 8.5 展示了在一片具有广阔海洋渔场的区域中，寄生生物对于野生的粉色鲑鱼的感染在九年间是如何波动的。在这段时间里，海洋渔场对其圈养的鲑鱼一直使用一种驱虫剂（甲氨基阿维菌素苯甲酸盐），并且这种驱虫剂无论是对饲养的鱼类还是对迁徙路过渔场的野生鲑鱼来说，在减少寄生的海虱数量上均十分有效。但麻烦的是，面对广泛使用的抗生素以及针对养殖鱼类所使用的驱虫剂，海虱快速演化出了抗性。就像我们在使用抗生素治疗人类疾病时微生物会产生抗性一样，我们也开始在海洋渔场上重复相同的问题。目前，海虱已经是所有饲养鲑鱼

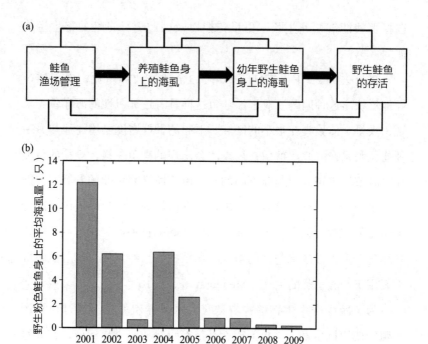

图 8.5 （a）鲑鱼身上海虱问题的最早起源地是不列颠哥伦比亚。箭头表示了科学研究已经弄清楚的这条因果链。（b）2001—2009 年间不列颠哥伦比亚的布劳顿群岛上野生粉色鲑鱼身上的平均海虱数量。在这段时间里，渔场对养殖的鱼类使用驱虫剂来杀死海虱。2004 年之后驱虫剂的使用量增长迅速，在场区附近捕获到的野生鲑鱼身上的感染率也同样下降了。2003 年，政府将鲑鱼渔场关闭了一年，极大地减少了这片水域的海虱量，并且降低了野生鲑鱼身上的感染率。在海虱对已使用的驱虫剂产生抗性之前，问题目前是被解决了。（来源：Peacock et al., 2012。）

的区域所面临的共同问题，而采取毒素来控制海虱的那种短期解决方案，正驱使这个行业陷入与寄生物和病原体的另一场军备竞赛中。

应对气候变化的演化适应

生物可以适应任何环境变化。一方面，它们可以忍受变化后的环境条件，另一方面，它们通过自然选择筛选出最适合的个体，改变本物种的基因结构。例如，随着大气中二氧化碳含量的上升，海洋变得更为酸性，但生物可以简单地去忍受上升的酸性，或者通过自然选择的方式，仅仅让那些能够忍受酸性上升的个体存活下来，从而改变整个种群的基因结构方式。当一个物种的基因多样性能够适应变化后的条件时，整个种群的基因结构变化才有可能发生（Bell，2013）。如果这就是事实的话，那么我们就可以轻而易举地实施针对演化的补救措施，并且我们将不会再看到生命发生我们所知的那种变化——所有的变化都将出现在那些适应后的个体的基因组里。在乐观主义者看来，气候变化很少会发生，我们现在正在经历的变化不需要敲响警钟，并且我们还可能建立数学模型来表明这种基因变化的可能性。

而悲观主义者的观点则依据于两则历史观察记录。首先，虽然过去的生物已经适应了气候变化，但这种适应是以一种缓慢的速率经历了千年、万年才形成的。而相对而言，如今的气候变化情况极其迅速，它运行的时间尺度最多数百年，但其变化速度或许是地质年代平均变化速率的一百倍左右。当微生物或许可以通过快速的世代时间适应如今的变化时，我们能在地球上看到的绝大多数生物却无法在这么短暂的时间里适应，并且其所蕴含的生物多样性有可能消失殆尽。

其次，还有一个不太令人欣慰的观察记录就是：在人类研究过的生物中，大多数对于环境变化都只有极其有限的容忍度。例如，对于陆地生物而言，这些环境变化来自温度、降水和营养物；对于水生生物而言，这些环境变化则来自水温、酸碱度以及营养物水平。这种情况对于那些从事农业种植或园艺的人来说，是再明显不过的事了。花朵不会在寒冷的冬季开放，小麦不会在缺乏湿度的土壤中生长。乐观主义者所依据的数据就像图 8.6 所展示的那样。有一种珊瑚礁鱼类适应 28.5 摄氏度的海水温度，科学家们采用两种方式测验了它们在两种更高的温度时的生存情况（Donelson 等，

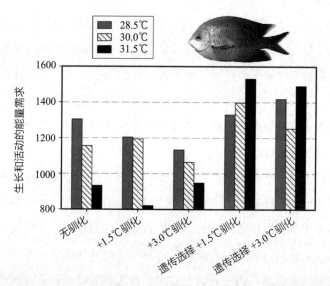

图 8.6 橙线雀鲷（*Acanthochromis polyacanthus*）对海洋升温的代谢适应。实验鱼分别在正常的海水温度（28.5℃）和更高的海水温度（30.0℃和 31.5℃）下被饲养了两代，用来测试它们调整新陈代谢的能力。人们预测，2050 年至 2100 年海水温度就可能发生这样的情况。同时，研究人员还通过鱼在更高温度条件下的生理表现进行了两个世代的选择。结果显示，遗传选择能够调整这种鱼对温度变化的耐受程度，使其维持能量代谢水平，从而能够在更温暖的海水中存活。（修改自 Donelson 等，2012。）

2012）。对于这种鱼类，只有在两类情况时，适应才会发生：一类
发生在那些能忍受较大温度变化的个体身上，另一类发生在遗传选
择层面，也就是那些能够适应更温暖水域的亲代所留下的后代身上。
发生在这种珊瑚礁鱼类身上的这两类适应，表明它们可以在未来的
100 年中忍受住海洋的升温。但如果海洋温度在接下来的几个世纪继
续上升，就将会超过这种鱼的忍受极限，它们的适应力将会骤降。

这类研究十分重要，但它们也仅仅回答了整个问题的一小部
分。首先，这是因为在进行这类研究时，科学家们必须把生态系统
中的每个物种单列开分别进行讨论，而这对于物种丰富的热带生态
系统而言是一件不可能的任务。其次，这类实验只能在没有其他物
种相互影响的实验室环境中完成，而这种相互影响在野外却是实际
存在的，例如食物供给的影响、捕食者、寄生生物以及疾病。气候
压力只是物种生存时所要面临的诸多压力中的一个而已。

一些物种可以通过演化去应对短时间内不断增加的气候压力，
而演化也能够帮助它们把种群从灭绝风险中解救出来。最有可能依
靠演化而得救的物种，是那些种群数量巨大并且具有短世代时间 ①
的物种（例如微生物），但这些物种的灭绝风险本来就最低。由于
气候变化而处在较高灭绝风险的是那些体型大、世代长、种群小的
关键物种。因为这些大型物种的一个世代的时间很长，所以它们是
最难研究的。同时正因为这个原因，我们目前也缺乏这些大型物种
的遗传变异中那些能应对气候变化的关键信息。

所有物种的种群都需要历经较长的时间才能适应气候变化，而

---

① 短世代时间（short generation time）：指物种每一代的存活寿命很短。——译者注

环境变化的速率会影响这种适应能力的形成。这意味着，在实际操作水平上，我们必须现在就采取减慢气候变化速率的全球行动。只有这样，才能减少气候变化的影响，并使一些物种适应气候变化的潜能最大化。

本章小结

演化曾经在过去发生，并且将继续在未来发生。这个事实其实带有两个层面的信息。在一个层面，人类可以通过使用那些在医药业、农业和林业中对自己有益的化学物质来干涉演化。但是当我们这样做时，我们必须遵循环境领域的希波克拉底誓言（Hippocratic Oath）："科学家，别做危害环境之事。"而在另一个层面，负面后果则伴随着我们如今所面临的三项主要问题，这便是杀虫剂的过度使用、抗生素的滥用以及农业中除草剂的大量使用，而且它们已经根植在物种的演化过程中。

我们现在所面临的最关键的问题是，气候变化以及一次可能发生的大灭绝事件可能导致地球不再适合人类生存。我们和地球上的其他物种也许能够适应正在发生的缓慢变化，并演化出对这种变化的忍耐力，但这距离确定还很远。我们不能假定快速的演化速率能够解决我们今天的气候变化现状。颇具讽刺意味的是，快速的演化确实在事实上造成了许多我们在这一章中重点提及的问题。其实在这些简单的评估后，我们应该采取诸多应对气候变化的重要行动。科学界的应对还算相对明朗，但与此同时，本应紧随其后的社会和政治行动目前还看不见。人类真不应该对地球的生态系统实施那些无法控制的所谓"实验"。

第九章

自然系统
会循环利用
重要物质

本章重点

- 从长期来看，每一个生态系统都由营养物质驱动，而在短时间内，我们必须使基本元素守恒。
- 循环的基本原理很简单：输入与输出必须相等，或者输入与生态系统的消耗必须相等。环境并不是一个具有无限资源的银行。
- 目前人类已经极大地影响了硫循环（酸雨）、氮循环、碳循环和水循环。减少这些影响是我们可持续生存的基本要求。

　　所有物种的持久生存都依赖于可再生资源；因此，对于生物群落而言，最重要的物理过程就是循环。从长期来看，收入必须等于或高于支出，这正是每个学生在打开自己的第一个银行账户后吸取的教训，而在经历了长时间的演化历史之后，动植物种群也学会了这一点。支出可以在短时间内高于收入，但是除非银行破产，这种不平衡绝不会长期存在。在有关循环的理论中有这样一个十分简单的观点：在一个生态系统中，生命所需要的所有物质的输入必须等于输出，否则长时间后这个生态系统就会逐渐瓦解。那么自然群落循环中的那些重要物质是如何实现平衡的呢？它们在循环的过程中会面临什么样的困难呢？由于这些基本资源的循环对于人类的可持续生存是必需的，所以它们对人类十分重要。

植物和动物需要两类基本的物理供应：能量和物质。生态系统中的能量来源于太阳，而所有的能量必须通过绿色植物的光合作用获取。太阳能被保存在植物的糖分、蛋白质和脂类中，随后通过食物链被动物利用。虽然能量并不是通过生物有机体实现循环，但生物有机体的活动和生长过程最终都需要利用能量，而且能量会以热量的形式散失。太阳能的持续输入保证着生态系统这台机器的运转，由于能量会源源不绝地输入，所以生物有机体能够承担得起能量的损耗。

生态系统中的物质是完全不同于能量的，它们不会每天源源不断地被提供，而且必须被保存起来。只有通过循环，才可能实现对物质的保护，所以我们需要在自然界探明化学物质是如何实现循环的。在自然界，有两类截然不同的循环同时发生。第一类循环是包括碳、氮、氧和氢在内的气态元素循环（图 9.1a）。由于它们在空气中和生物界实现交换，所以这类循环是全球尺度的。对于它们来说，长距离的转移十分正常，所以今天你所呼吸的氧气其实有可能来自一个水塘或储水池，其中的氧元素可能拥有众多的久远来源。对于活着的生物而言，土壤中的磷、钾、钙、镁、铜、锌、硼、锰以及铁元素是必不可少的，它们在本地循环中流通着（图 9.1b）。它们并不具备长距离传输的机能，而这正是第二类循环。

如果想分析任何一个特定的营养元素循环，我们都必须首先算出图 9.1 里每个方格中的营养元素总量，然后再算出方格间的流量。一旦我们完成这种描述，我们就可以尝试确定在群落中影响营养元素传递的主要因子。人们已经研究了许多生物系统（尤其是那些能使人类获益的系统）中的营养元素循环。

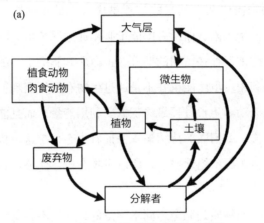

(a)

碳、氮、氧、氢的全球大气循环

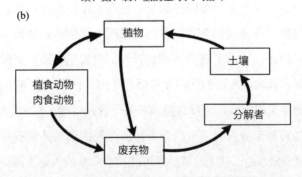

(b)

磷、钾、钙、镁、铜、锌、硼、氯、钼、锰以及铁的本地循环

图 9.1 简单示意了两种不同的物质循环。（a）碳、氮、氧、氢在全球大气中的循环。（b）磷、钾、钙、镁、铜、锌、硼、氯、钼、锰以及铁的本地循环。

森林的营养元素动力学包含由土壤和岩石风化所带来的营养元素输入，以及由叶和根的分解和腐烂所带来的营养元素输出。原木采伐同样也会造成森林的营养元素损失。就像所有的生物群落一样，森林并非一个封闭的系统。动物可以从一个群落迁移到另一个，森林生态系统中排出的水分可以将溶解的物质迁移至邻近的湖泊和溪流中。如果在一个特定的森林系统中开放商品性林业，那么从森林中被移除的原木就代表了一种典型的营养元素投资。如果要使得商品性林业的产出不出现长期的下降，那么上述损失就必须由来自雨水和灰尘、土壤和风化的岩石所带来的营养元素加以抵消，从而实现平衡。在许多受到由人类所造成的空气污染和自然的沙尘暴影响的生态系统中，来自大气的营养元素输入十分重要。来自沙漠尘埃中的磷会通过大气循环输入亚马逊盆地，这对于维持该地的热带雨林必不可少（Bristow 等，2010）。但人们只在少数生态系统上进行过这种针对输入和输出的细致研究。

哈伯德布鲁克生态系统的营养元素循环

美国新罕布什尔州的哈伯德布鲁克（Hubbard Brook）实验林就曾经研究过森林营养元素循环，这是这个领域中最广泛的研究案例之一。哈伯德布鲁克是一个接近成熟的阔叶林生态系统。该区域的地下为不易透水的岩石，所以该区域所有的地表径流都是以小溪流的形式存在的。虽然这片区域还可以再细分为好几块明显不同的流域，但它们其实都维持着相似的森林群落，而且这些不同的流域倒也可以作为实验和控制的良好单元。

营养元素通过降水进入哈伯德布鲁克森林生态系统，降水输入量可通过散布在整个研究区域的雨量计进行测量。营养元素主要通过溪水径流离开这个生态系统，这种损失可以通过计算溪水径流而实现估测。对于大多数溶解了的营养元素来说，它们在离开这个生态系统的溪水中比进入这个系统的雨水中含量更高。以降水形式进入的水大约有60%以溪流的形式离开，而剩下40%的水分大多被植物蒸腾，或直接蒸发了。

依据不同的降水输入和溪流输出，我们可以通过计算来预估哈伯德布鲁克中不同流域内每年度的营养元素量。如果我们假定，在这个不受干扰的生态系统中，营养元素估测值处在平衡状态，那么整个生态系统网络中的损失就必须由基岩和土壤的化学分解来填补。

在了解了完整的流域所需要的背景信息后，康奈尔大学的基因·利肯（Gene Likens）和耶鲁大学的博曼（F.H.Bormann）研究了伐木对哈伯德布鲁克中的一个小流域的营养元素估测值的影响。1966年，一片15.6公顷的流域内的树木曾被砍伐，但砍下的原木和树枝仍留在原地，所以没有任何东西被移除这片区域。为了防止对土壤表面的干扰，相关人员对这里进行了悉心照料，从而避免最低程度的腐蚀影响。在砍伐后的最初三年里，人们为了防止植物重新生长，还对这片区域使用了一种除草剂。随后，这片森林被砍伐后的流域就用来与一片邻近的完好的森林进行对照研究。

砍伐后，小溪流中的输出迅速增加；在砍伐处理后的三年内，该片森林被砍伐后整个流域的年度输出依次高出对照组41%、28%和26%。砍伐后，溪流中的岩石碎片和碎屑的流出量极大地增加了，尤其是砍伐后的第二年和第三年。与此紧密相关的是，砍伐后该流域中溪水里所有主要离子的浓度都大幅增加了。尤其是硝酸盐的浓度与对照组相比，增加了 40 至 60 倍（图 9.2）。两年间，森林被砍伐后那些流域的溪水中硝酸盐浓度超过了能够安全饮用的极限值。在砍伐后的两年间，溪水中的钙离子浓度、镁离子浓度、钾离子、硫离子浓度分别增加了 417%、408%、1558% 和 177%。

如果该区域内的土壤未遭到严重腐蚀，那么在这种进行了彻底清除的森林中，营养元素的损失是能够复原的。岩石的风化作用使钙和钾之类的重要元素得到了恢复。特定的细菌和藻类则能够捕捉空气中的氮元素，并在土壤中将其转化为硝酸盐。哈伯德布鲁克的营养元素恢复至少需要 60 至 80 年，所以如果想让目前的林业砍伐方式循环

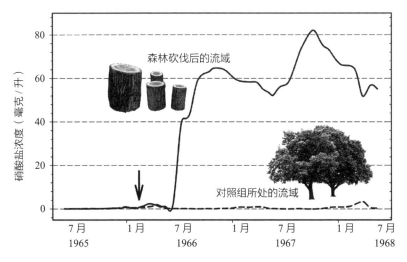

图 9.2　哈伯德布鲁克实验林中两个流域的溪水中硝酸盐的浓度。箭头标记了被砍伐森林完成全部砍伐的时间点。对照组的流域未受干扰。砍伐后，硝酸盐的流失极大地加快了。（图中显示了溪流中硝酸盐的增加；这也对应了陆地的硝酸盐流失。）直到数年后植物重新生长回来，硝酸盐的流失才会回到对照组的水平。（来源：Likens et al.，1970。有所修改。）

运作 110 年至 120 年，就应该让森林在砍伐的间隔期得到完全恢复。

从营养元素循环的角度来看待商品性林业，有助于我们推荐一些可以在林业中应用的管理手段。举例来说，树皮中的营养元素相对富裕，所以在伐木操作时，应该在野外就将树皮剥离，而不是将砍伐后的树木运到远处之后再处理。简而言之，虽然枝叶的碎片只是在不经意间留在了砍伐的原地，但这却意味着这片区域中的部分营养元素资源将会通过腐烂分解的方式进入循环。所以这种收获方式虽然在美学上并不总是令人愉悦，但它具有生态学上的合理性。商业性林业对那些利用森林作为栖息地的其他物种造成了许多影响，所以在林业管理中，应当优先考虑生物多样性保护的许多方面，以及营养元素循环和营养元素保留。

在森林遭到彻底砍伐的区域中，流失的营养元素大部分最终会汇聚到溪流和湖泊中，而它们会在这里变为水污染问题的一部分。一些生物群落中不良的输出损失，却可能成为另一个群落中不良的输入。这些营养元素的流动十分生动地展示了相互依存的群落是如何存在的。

对于森林生态系统，目前我们还没有答案的主要问题是，营养元素循环是否正在被林业操作扰乱，使用化石燃料所造成的空气污染是否正在影响森林。关键的元素其实是氮，而它正是植物生长所需的基本元素，而且我们必须从全球尺度来观察氮的动态变化。

全球氮循环

无论是对动物还是植物，无论是在陆地还是海洋，氮元素都是最常见的限制因素。空气中的氮元素十分丰富（78% 为氮气），但几乎没有生物能够直接利用氮气。一小部分细菌和藻类能够利用空气中的氮气，并且能够将其转变为硝基氮或氨基氮。大多数这样的生物以共生的形式生活在豆科植物的根瘤上进行固氮，而这也是自然界最主要的固氮方式。人类对全球氮循环的额外影响（尤其是通过农业上的氮肥所造成的影响）正在变得日趋重要。

　　氮元素是当代农业生产中最重要的元素，氮肥能够极大地促进农作物的产量。图 9.3 显示了肥料中添加的氮元素是如何促进了艾奥瓦州农田的农作物产量的。关键点在于，植物的生长对氮元素的要求有一个上限，越过上限继续添加氮元素便毫无效果。在这个例子中（图 9.3），每公顷增加超过 150 千克的氮，将不会再增进农作物的产量，而过量的氮会损失在土壤中，继而流进河流和湖泊。

　　人类强烈影响了全球的氮循环。人类活动每年为生物圈所增加的氮与自然产生的量相当，但是人类增加的这一部分并非平均散布在全球范围内。人类所增加的氮，其影响已经日益显著，这在大气组成成分的变化方面尤其明显。氮基痕量气体[①]——一氧化二氮、一氧化氮以及氨气对生态系统具有重大影响。一氧化二氮是一种化

[①] 痕量气体（trace gases）：大气中浓度低于 10^{-6} 的粒种，即 100 万个分子中只有一个待研究分子，如大气中的 CO、N_2O、SO_2、O_3、NO、NO_2、CH_4、NH_3、H_2S、卤化物、有机化合物等等都属于痕量气体。大气中氮、氧、氩、二氧化碳占干空气的 99.997%，其他气体只占 0.003%，它们含量极少，多为痕量气体。如氮氧化合物、碳氢化合物、硫化物和氯化物。痕量粒种受到各种物理、化学、生物、地球过程的作用并参与生物地球化学的循环，对全球大气环境及生态造成了重大影响。例如光化学烟雾、酸雨、温室效应、臭氧层破坏等无不与痕量气体有关。参见李振基：《生态学》，科学出版社，2014。——译者注

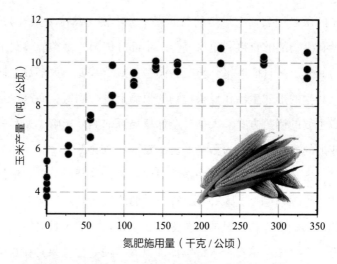

图 9.3 艾奥瓦州玉米田施用氮肥后造成的农作物增产。每公顷施用量超过 150 千克后，产量不会再进一步增加。（数据来源：Cerrato and Blackmer，1990。）

学性质不活跃的气体，能够在大气层中存在很长时间。由于它能够吸收热量，所以能像其他温室气体一样改变气候。大气中的一氧化二氮含量正以每年 0.25% 的速度增加。与之相反，一氧化氮却是一种化学性质十分活跃的气体，极易造成酸雨和烟雾的形成。一氧化氮能够在大气中转变为硝酸，在美国西部，酸雨的主要成因就是硝酸而不是硫酸。

在阳光存在时，一氧化氮、氧气会与汽车尾气、臭氧等碳氢化合物（烃）发生反应，而这也是城市和工业区域烟雾中最危险的成分。一氧化氮产生于燃烧化石燃料和树木。而大气中的第三类氮基痕量气体则是氨气。氨气具有中和酸的能力，因此具有减少酸雨的作用。大多数氨气来自有机化肥和家畜的排泄物。那些将家牛养肥的饲养场是氨气的最主要来源。

人类活动对氮循环的影响已经导致陆地和海洋中氮元素沉积的增加。氮的增加与磷的增加是紧密相连的，它们的增加会引发淡水湖泊、河流和海岸水域的藻类激增。淡水中磷的增加通常会使初级生产力（即植物的产量）增长，与此同时，河口区域氮的增加也引发了海洋环境中初级生产力的增长。北大西洋海盆接收着来自众多河流的氮，这些河流将过剩的氮注入了海洋。自 1750 年以来，进入北大西洋的氮增加了 2 至 20 倍之多，其中来自北欧的输入量是最多的。在北半球，河流中硝酸盐增加的比率与沿河居住的人口数量成比例。自 1965 年以来，密西西比河的硝酸盐含量已经增加了 2 倍以上。在农业区域，溶解于地表水的硝酸盐量也在增加，一些地区地表水中硝酸盐的含量甚至已经接近饮用水的最高安全水平（10 毫克每升）。氮的增加使得水生系统几乎颠倒，极大地降低了水的质量。

在那些工业国家，陆地上氮的沉积并不均匀。例如在美国，西部各州氮的沉积量很低，但在中西部和东部各州却十分高（可参见美国大气沉积项目：http://nadp.ises.illinois.edu）。煤和石油产品燃烧所产生的氮氧化物能够通过降雨和降雪跨越不同景观带而沉积下来。氮在地表生态系统的沉积会产生相反的影响。陆地上氮的沉积能够缓解氮含量对于初级生产力的限制，而这也是在许多陆地生态系统中常见的情况。瑞典的森林就是受氮含量限制的典型陆地生态系统，其在 20 世纪 90 年代的量比 50 年代平均大幅增加了 30% 之多。在这里，有一个重要概念是临界负荷，即满足能够输入、被植物吸收以及不破坏生态系统完整的氮的量。当植物不能再对进一步增加的氮进行应答时（图 9.3），这个生态系统就达到了氮饱和阶段，所有新输入的氮将进入地表径流或溪流，或者重新返回大气中。在土壤中，硝酸盐具有高度的水溶性，额外的硝酸盐将被带有正电荷的钙离子、镁离子和铜离子带走。额外的硝酸盐因此导致土壤中钙、镁、铜的流失，进而使植物生长受限，而这也是大多数商品园艺肥料不仅只含有氮元素的原因。

地表生态系统中增加的氮同时也会对生物多样性造成不良的影响。在多数案例中，给一个植物群落添加氮，将减少该群落的生物多样性。图 9.4 表现了在明尼苏达州的草地中连续 12 年实验性地添加氮所造成的影响。对氮产生应答的物种通常是草本植物，它们可以接管富含氮元素的植物群落。荷兰拥有这个世界上最高的氮

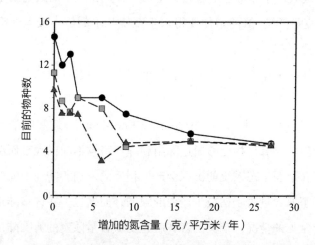

图 9.4　明尼苏达州草地区域的植物 12 年间对氮肥施用的应答。实验使用了三块区域，并用六个不同的小区来计算每个层级的氮添加量。当添加进这片草地的氮从 5 克 / 平方米 / 年上升至 10—15 克 / 平方米 / 年时，物种的数量出现了极大的下降。当氮不再成为限制因子时，少数优势物种接管了这片草地。（数据来源：Wedin and Tilman，1996。）

沉积率，这在很大程度上要归因于集约化的家畜饲养，而荷兰也因此出现了从物种丰富的健康土地向物种贫乏的草地和林地的转变过程。由于氮的富集，那些一起适应沙质和贫瘠土壤的动物和植物也正在消失。

氮的增加同样也对水生系统造成了不良影响。密西西比河的流量占整个北美地区的近三分之一。在过去 50 年间，密西西比河的水质变化已经对墨西哥湾北部造成了巨大的生态影响。其中的主要问题就是河水中的氮。造成这一情况的首要原因在于，20 世纪 50 年代至 80 年代，密西西比河流域所处的的盆地输入了巨量的氮肥。从 1980 年起，密西西比河平均每年向墨西哥湾排出了总含氮量高达 160 万吨的水。而流量中的磷等其他营养物含量则并未增多。河中大约 90% 的硝酸盐来自过度施肥的农田以及养牛场的排水系统。密西西比河流域的明尼苏达州南部、艾奥瓦州、伊利诺伊州、印第安纳州和和俄亥俄州的农田，正是硝酸盐最主要的来源。

对于河流中的藻类来说，氮并不是它们的主要限制因素；当这些水到达墨西哥湾沿岸时，生态破坏就随之开始了。全球的海岸带水域都饱受这种污染之苦——污染来自从陆地流入的营养元素，以及受它们的刺激而在海里大量滋生的藻类。在路易斯安那州的沿岸海水中，过量的氮刺激了藻类的生长，以及相关的浮游动物的生长。浮游动物的粪粒和死去的藻类细胞沉入海底，当这些有机物分解时，细菌将用尽海水底层中的氧气。当溶解氧的含量少于 2 毫克每升时，所有无法离开的动物都会死亡。海水底层的氧气短缺会制造出一片"死亡区域"。

每年夏季，密西西比河的流出物都会在墨西哥湾北部沿着路西斯安娜州至田纳西州的海岸线造成一片死亡区域，这片区域的面积时有变化，最大时能够达到 2 万平方公里，相当于新泽西州的大小（Bianchi 等，2010）。多数情况下，含氧量低的区域会存在于每年 6 月至 8 月，但当风暴将海洋表层水和底层水混合在一起时，这种区域也能最早于 4 月就出现，最晚到 10 月才消失。鱼类的聚集产卵地和商业捕捞鱼类的迁徙路线都受到了这种死亡区域的影响。减少墨西哥湾死亡区域的最有效手段就是减少化肥的使用量，以及通过作物轮种来保持农田中氮含量的稳定。重要的是，要减缓墨西哥湾死亡区域，需要一种涵盖整个密西西比河流域的生态系统方法。艾奥瓦州投入到化肥中的营养元素究竟是如何影响了几千公里以外墨西哥湾中的藻类种群数量的，需要我们进行生态学的探究。

在过去的 50 年里，氮循环已经深刻地受到人类活动的影响。今天迫在眉睫的是，各个国家和整个国际社会都应该努力修正这些变化，以减缓氮的富集对生态系统的负面影响。明尼苏达大学正在牵头开展一项关于人类活动所引发的营养元素循环发生变化的全球调研项目（http://www.nutnet.umn.edu/home），而这一项目已经在着手计算人类对全球营养元素循环影响的详尽情况。营养元素循环的这些变化对人类最明显的直接影响现在表现为全球气候变化，关于这一内容，我们将在第十一章中进行讨论。

酸雨与硫循环

通过燃烧化石燃料，人类活动对硫循环的改变比对其他任何一种营养元素循环的改变都要多。人类排放的氮仅达到自然界氮排放水平的 5% 至 10%，与此形成对比的是，我们对硫的排放已经相当于自然界排放水平的 160%。欧洲和北美广泛存在的酸雨问题就是这种硫循环变化中的一个明显的征候。降雨或者降雪，其 pH 一旦低于 5.6 就被定义为酸雨。低的 pH 由化石燃料燃烧的产物强酸（硫酸、硝酸）所引起。

20 世纪 60 年代，人们首先注意到从欧洲到北美洲东部的森林和湖泊都遭受了酸雨的破坏，这是由于二氧化硫和氮氧化物能够被大气携带至数百公里外，然后沉积在雨雪中。所以从那时起，酸雨开始作为一种主要的环境问题而出现。美国中西部各州的空气污染，导致了加拿大东部的湖泊出现生物大量死亡的情况。而来自英格兰地区的酸雨，则导致了挪威南部湖泊中鱼类消失殆尽。到了 20 世纪 80 年代，从西欧到北美洲东部的广大区域里，降水的年均 pH 在 4.0 至 4.5 之间，甚至有个别的风暴制造了 pH 达到 2 至 3 的酸雨，而这等同于醋酸的 pH。

被释放进大气层的硫会被迅速氧化为四氧化硫（SO_4），而且很快就会重新沉积到陆地和海洋中。诸如火山喷发等短期事件也为全球的硫循环做了贡献，而这使得估测大气的平衡状况十分困难。在过去的 100 年里，来自矿石冶炼厂和发电厂的废气排放量迅猛增长。为了减少本地的污染问题，冶炼厂和发电厂已经建造了可以减少地表污染的高大烟囱。（超过 300 米高的）大烟囱现在已经成为标准配置，但它仍会在顺风时将污染物传播出去。来自格陵兰群岛的冰芯显示，在过去的 60 年间，来自大气的四氧化硫沉积大幅增加。

在过去的 35 年里，美国和大多数发展中国家已经减少了二氧化硫废气的排放。从 1982 年至 2012 年，美国的二氧化硫排放量减少了 78%。排放量的减少有效减少了酸雨的表面沉积。但酸雨所造成的影响并不会随着二氧化硫排放量的减少而立即消失，问题的关键仍然是：森林和水生系统有可能从酸雨的影响中恢复吗？如果能恢复的话，恢复速率将会如何？在哈伯德布鲁克，酸雨的影响已经造成了土壤中钙的析出，甚至已经达到了剩余的可用钙可能限制森林生长的程度，而这尤其影响了那些对此敏感的树种，例如糖槭树。哈伯德布鲁克中水的化学性质正在从酸雨中慢慢恢复，但即使是二氧化硫排放量持续减少，溪流的完全恢复至少还需要 10 至 20 年的时间。

降下的酸雨所造成的最明显的影响发生在斯堪的纳维亚半岛和加拿大东部的鱼类种群上。挪威南部和瑞典有数千个湖泊，当湖水的 pH 下降到 5 时，其中的鱼类种群数量就会下降或者消失。在加拿大，含有湖鳟的那些湖泊成为研究酸雨影响的主要焦点。一旦湖水的 pH 下降到 5.4 以下，湖鳟就会消失，这是因为新孵化的幼鱼会在这种 pH 下死亡，从而造成湖鳟繁殖失败。在加拿大的许多湖泊中，湖鳟是关键种，随着湖水 pH 的缓慢降低，它们也在逐渐消失。成年湖鳟并不会受到低 pH 的影响，因为在低 pH 时，食物资源也不会短缺。真正的影响发生在幼鱼身上，正是这一点导致了湖鳟种群在 10 至 20 年的时间里缓慢下降。一旦湖中的鳟鱼消失了，诸如金鲈和加拿大白鲑这类能够容忍酸性的鱼类物种将变得更丰富，但如此一来，原本的食物链将丧失许多物种（图 9.5）。

人类所造成的硫循环的改变，极有可能在不为我们所知，更不

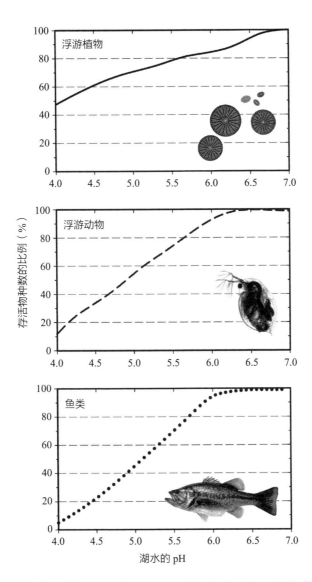

图 9.5　酸雨对加拿大东部地区湖泊内生存的浮游植物、浮游动物和鱼类的影响。一旦湖水的 pH 下降到约 6.5，物种就会开始消失。（数据来源：Gunn and Mills，1998。）

用说被我们预测的情况下，以一种极其复杂多样的形式，潜在地影响自然生态系统中的营养元素循环。我们不能再继续对生态系统进行这种"空中轰炸"①，而又天真地相信：营养元素循环对人类的输入具有无限的弹性。近年来国际社会关于削减化石燃料中硫酸盐排放的努力，已经减少了四氧化硫的排放量。同时，我们必须在未来继续保持这种减少态势。一旦减少了酸雨量，森林和湖泊生态系统就都能从之前的损害中恢复过来。但这个用于恢复的时间表恐怕比我们想象的还要漫长。

泥炭地的营养元素循环

自然群落似乎都会保持一种长时间的营养元素平衡状态，但也有一些明显的例外。在泥炭地，植物的生产量超过分解量，所以有机物会伴随着营养元素的沉积而逐渐积累。泥炭地只覆盖了地球表面 3% 的面积，但却存储了地球上约 30% 的土壤碳。大多数泥炭地位于北半球那些一万年前还被冰川覆盖的区域。加拿大、爱尔兰、苏格兰、芬兰以及西伯利亚均具有大面积的泥炭地。在泥炭地中，输入大于输出。泥炭地为何形成？营养物在泥炭地中如何循环？在如今这个气候变化的时代，这些问题正日益具有重要意义。这是因为，泥炭地是一个巨大的碳存储系统，全球变暖会使得这些被存储的碳释放进大气中，从而增加二氧化碳的含量。

---

① 对生态系统进行这种"空中轰炸"（this aerial bombardment of ecosystems）：指人类通过燃烧化石燃料，将硫元素排放到大气中，从而极大地影响生态系统。——译者注

当水分在植物的生长季被过量供给，从而导致土壤中水分饱和时，便会在该地形成泥炭。过高的湿度阻止了分解作用，从而使得营养物并未释放入土壤中，因此在这种条件下只有特定种类的植物才能生存下来。当茎叶死亡后落至土壤表面时，它们仅有部分被分解，废弃物随之逐渐积聚。对于一个泥炭沼泽来说，最重要的分界线是夏季的潜水位。这条分界线以上是生命活跃的区域，由于那里具有充足的氧气，所以来自植物的各种物质很快会被微生物分解。而这条分界线以下则是生命不活跃的区域，由于缺乏氧气，植物的物质分解十分缓慢（微生物对氧气的利用十分迅速，甚至会在它们扩散开来前就利用完毕）。

任何气候带都能形成泥炭地，但那些寒冷而湿润的区域是泥炭地最主要的分布区域。全世界 75% 的泥炭地分布在加拿大和苏联地区。酷寒的冬季低温使分解停滞，许多永久冻土下层区域的排水系统也完全受到阻碍。当然，泥炭地也能扩展到北极以外的地区。煤炭形成于距今 4 亿年之前的石炭纪时期，而它们形成的地点正是那些在温暖气候和高降雨量条件下发展出的泥炭沼泽，高水位阻止了那里的分解作用。

泥炭的累积取决于新的植物物质的制造与分解之间的平衡。泥炭的累积也会随着该地区气候条件以及植物生长季节长度的变化而变化。不过在大多数情况下，泥炭的累积实际上是相当缓慢的。北温带的泥炭地平均每一千年能够累积 20—80 厘米（Wieder 和 Vitt，2006）。泥炭的产生随着气候变化而变化。六千年前，泥炭的累积速度是如今的约三倍以上（图 9.6）。对于今天的苏格兰、爱尔兰和俄罗斯而言，泥炭是重要的燃料，同时也是一种新兴的资源。但由

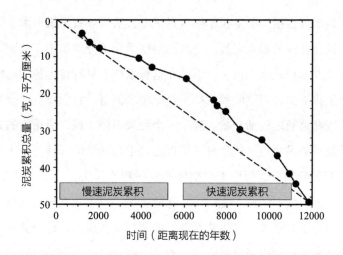

图 9.6 来自中国青藏高原东北部的 12000 以年来的泥炭累积模式图。虚线说明了如果泥炭的累积处在一个连续的速率时将会发生的情况。在这种以莎草为主的泥炭地，泥炭的快速累积一直持续到距今 6000 年前，随后累积速率降低。图中的数据依靠碳 −14 估计。（数据来源：Hong et al., 2003。）

于它们的更新速度十分缓慢，所以人们应当对它们的开采速度有所控制。

北温带绝大多数的泥炭沼泽似乎在 5 至 10 米的深度达到了一种平衡，而这也是来自植物的物质在泥炭表面的增加速率和所有水深条件下都具有的分解速率间的平衡。这种平衡的深度取决于排水条件、植被条件和温度条件，有些泥炭的储存可以累积得相当久，累积的时间甚至能超过五万年。

由于分解作用逐渐减少，泥炭地中的营养元素循环尤其有趣。在一个泥炭沼泽中，氮和磷是两种最为供不应求的元素。泥炭中含有巨量的氮元素，但大多数氮元素被完全锁定在那些植物生长无法利用的复杂有机化合物中。能够在泥炭沼泽中生长存活的植物要么对氮的需求量很低，且生长得很慢（例如泥炭藓［*Sphagnum*］)，要么具有从空气中直接获得氮的能力。一些泥潭沼泽植物具有根瘤，其中的细菌能够将空气中的氮转化为植物生长时可以直接利用的硝酸盐。

在许多泥炭沼泽中，磷都是相当缺乏的，所以能在其中生长的植物对磷的需求都很低。磷只能来源于雨水或地表水，由于氮和磷供不应求，所以当人类抽干泥炭沼泽以从事农业活动时，几乎没有农作物能够在不添加肥料的条件下生长。如果给予足够多的时间和氧气，泥炭将会分解为腐殖质。因此泥炭被广泛用作有机肥料，以改善农业土壤的结构。

尽管从总体而言，泥炭以碳汇的形式存在，而且能部分减轻我们过量排放的二氧化碳，但它同时也是甲烷在全球最重要的单一来源。甲烷由细菌在泥炭地的底层厌氧环境下制造。据估计，北半球的泥炭地导致了 34% 至 60% 的全球湿地甲烷排放量。由于甲烷促使全球变暖的能力是二氧化碳的 23 倍，所以地球北部区域的泥炭地将在未来的一百年里为全球变暖做出相当多的"贡献"。

本章小结

所有的生命都依赖于营养元素，了解营养元素的循环是生态系统研究中的一项重要内容。一些营养元素属于气态，并且能够在一个大的空间尺度上环绕着整个地球，氧就是其中的代表；而其他一些则属于固态元素，它们无法进行长距离的转移，钙就是其中的代表。对任何一个确定的生态系统而言，最关键的要点是输入必须与输出相等，否则生态系统就会瓦解。生态系统的输入来自岩石和土壤的风化作用，来自植物的固碳、固氧、固氮作用，或者来自火山活动。气态元素输出后会进入大气层，或者被储存到湖泊和海洋底部的沉积物中，甚至储存在那些植物物质的累积率超过分解率的泥炭中。

营养元素循环之所以十分重要，有两个原因。磷这类元素是农作物所必需的，如果供不应求的话，我们就需要通过恢复那些我们浪费了的元素，以关闭营养元素循环。人类燃烧化石燃料容易使二氧化碳之类的化合物处于过度排放状态，这时候我们就必须控制它们的排放速度，从而减少由于温室气体的释放而导致全球变暖的失控。最简单的营养元素循环就是水循环。清洁的水源是维持人类身体健康的必需品，如果我们忽视这一点，我们就会处于危险的境地。对人类种群而言，营养元素循环似乎是一件无关紧要的神秘之事。但基于以上这些原因，现在当我们在研究生态系统如何保持可持续运转时，营养元素循环已经处于研究领域的中心位置。

第十章

太阳能为自然生态系统提供能量

- 太阳辐射驱动植物进行光合作用，这是每一个自然生态系统或农业生态系统所依赖的能量来源。
- 在理论上，只有大约 4% 至 6% 的太阳能能够通过光合作用转化为植物的组成部分，而大多数农作物和自然生态系统的能量转化率仅在 1% 左右。
- 植物的生长受到阳光、水、温度以及营养元素的综合限制，而这些因子限定了地球为植物生产服务的能力。

在生态学中，大多数研究仍然关注特定物种的细节，但在过去的 20 年里，越来越多的研究开始聚焦于将生态系统视为一个整体进行研究，并且将生态系统的物理过程视为能量的机器和营养元素的加工者。确切而言，植物和动物产生能量和物质的过程十分重要，因为正是它告诉了我们生态系统的运作方式，同时也因为它严重地影响了人类对地球施加作用的方式。

生态系统的新陈代谢可以被理解为所有动植物个体新陈代谢的总和。每个生物都需要持续的新能量输入，从而去平衡新陈代谢、生长和繁殖过程中的能量损耗。个体可以被视为能量和物质不断转变的复杂机器。生物通过两种主要方式获得能量和物质。自养生物从太阳和非生命的物质中获取能量。绿色植物就是这样的自养生物。而异养生物则通过取食其他生物而获取能量和物质。植食动物通过取食植物而生存，而肉食动物则通过取食其他植食动物而生存。生物群落是自养生物和异养生物的复杂集合体。能量和物质正是通过个体才进入生物群落的，并且只有当它们最终再次释放回环境中时，才能重新转运回生物结构中。生态系统的整合水平既涵盖了生命本身，也涵盖了生命生存的物理环境，它是我们考虑能量和物质运动的综合水平。

通过测量物理和化学两种不同的过程，生态学家们得以将生态系统的这两个部分区分开。

1. 化学物质流动。我们可以把生态系统视为一个吸收并利用食物材料，并把它们排出的超级生命体。所有的化学物质都可以在这个群落中循环使用多次。含磷的分子会被植物的根系吸收，在叶片中被利用，随后被蚱蜢取食，当蚱蜢死去后，这些磷将通过细菌的分解作用重新释放回土壤。关于化学物质流动的内容我们在第八章已经探讨过。

2. 能量流动。我们可以将生态系统视为一个吸收太阳能，随即通过光合作用将其中一部分能量固定下来，然后将绿色植物的能量从植食动物转移到肉食动物的能量转换器。需要注意的是，生态系统中的大多数能量流动都是单向的，无法循环利用。并且，这些能量会被转换为热量，最终以各种形式从生态系统中散失。只有新的太阳能的持续输入，才能维持生态系统的运转。

图 10.1 展示了贯穿于食物链的能量流动与物质流动。在能量流动的过程中，它以减少多样性的方式，简化了生物群落的那种惊人的多样性。同时，能量流动将所有的物种间的交互作用简化为一个统一的单位——焦耳（或卡路里）。

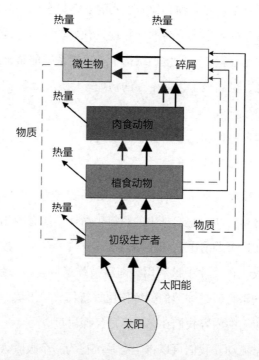

图 10.1 生物圈中能量流动（虚线）和物质流动（实线）的简单表现。能量流动包括太阳辐射、（生态食物链中的）化学能量转移，以及向空间的热量散失。物质循环则是从植物（初级生产者）到植食动物和肉食动物，以及最终成为碎屑回到初级生产者。（来源：DeAngelis，1992。）

初级生产

植物是生态系统中的初级生产者。光合作用是地球上所有生命的基石。光合作用是一种将太阳能转换为化学能的过程，在这个过程中，植物收集了空气和水中的二氧化碳，将其转化为碳水化合物，并且将氧气释放回空气中。如果没有光合作用，那么地球上就不会有氧气，那么我们都将不复存在。因为光是光合作用中必不可少的，所以有关生态系统运转最简单的模型，就是将光视为自然群落的主要推动力。地表的大部分都覆盖着绿色植物（占生物体质量的99.9%），生命中只有很少一部分由动物组成（Whttaker，1975）。在阳光下，植物捕获能量的效率如何？有多少植物生产力受到光以外的限制？虽然光是相当重要的，但它也并不是生物生长的唯一限制因子，所以研究不同生态系统的运作细节相当重要。

初级生产效率

作为能量的转化者，不同群落中植被的转化效率如何？我们可以依据以下的比值来定义阳光的利用效率：

$$初级生产效率（\%）=（100）\frac{被初级生产者所固定的能量}{入射阳光中的总能量}$$

每年被地球拦截并接收的太阳能总量为 21×10^{24} 焦耳，换句话说，每分钟每平方厘米接收约 8.1 焦耳。植物通过光合作用加以利用的能量只占整体能量的大约 0.02%（图 10.2），而大多数来到地球的太阳能都被反射回大气层或转化为热量。通过大气反射或吸

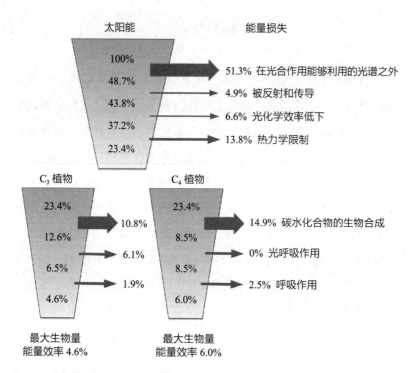

图 10.2 植物光合作用中的能量损失。在初始能量 100% 来到地球时，全光谱条件下的能量剩余量比例（箭头内）以及损失的比例（右侧）。C₃ 植物（例如水稻、小麦、咖啡、土豆）和 C₄ 植物（例如玉米、甘蔗）如图所示。C₃ 植物和 C₄ 植物在理论上的最大转化效率分别为 4.6% 和 6.0%。（来源：Zu et al., 2010。）

收，阳光中的能量抵达地球表面时已经减少了一半以上，但这些入射能量中仍然只有很少一部分被初级生产者利用。植物通过呼吸作用减少了初级生产总量或碳水化合物的合成，这些能量被用于维持植物的新陈代谢。所以，净初级生产量，即我们能够从农作物和可食用的植食动物中获得的能量，即使是在最大的利用效率下，也已经下降到了输入地球的全部太阳能的大约 6% 而已。

由于植物演化出了三种不同的光合作用方式：C_3 途径、C_4 途径和 CAM 途径 [①]，所以光合作用的化学过程是稍微有些复杂的。所有的植物都从空气中获取二氧化碳制造碳水化合物，但是它们获取的方式各不相同。C_3 植物首先会以一种缓慢的反应形式通过一种三碳复合物获取二氧化碳，这在二氧化碳含量较低时运作效果就不佳。而 C_4 植物则以一种快速的反应形式通过一种四碳复合物获取二氧化碳，这在二氧化碳即使含量较低时运作效果也不错。另外，C_4 植物利用阳光的效率更高效。至于 CAM 途径则被仙人掌和许多沙漠多肉植物所采用，在这种光合作用模式中，为了减少水分散失，这些植物会在夜间收集二氧化碳，等到阳光出现再将储存在叶片中的二氧化碳利用起来以完成光合作用。据我们研究，许多温带常见植物利用 C_3 模式，而 C_4 植物在热带地区更为普遍。我们的大多数农作物，例如小麦和水稻，都属于 C_3 植物，少数农作物，例如玉米和甘蔗，则属于 C_4 植物。

由于 C_4 植物能够在日照充足时达到光合作用的最大效率，所以生态学中关键论题是主张 C_4 植物的生产力比 C_3 植物更高。与此相对比，C_3 植物在 1/4 到 1/3 的充足日照状态下才能发挥出最

[①] CAM 途径：即景天酸代谢途径（crassulacean acid metabolism pathway）。指生长在热带及亚热带干旱及半干旱地区的一些多肉植物（最早发现在景天科植物）所具有的一种光合固定二氧化碳的附加途径。在其所处的自然条件下，CAM 植物气孔白天关闭，夜晚张开。它们具有此途径，既维持了水分平衡，又能同化二氧化碳。目前已发现景天科、龙舌兰科、仙人掌科、大戟科、百合科、葫芦科、萝藦科及凤梨科等 19 科的 230 多种植物具有此途径。这类植物是通过改变其代谢类型以适应环境，由于该途径的特点造成光合速率很低，故生长慢，但能在其他植物难以生存的生态条件下生存和生长。——译者注

大效率的光合作用。20 至 25 摄氏度是 C_3 植物最适宜的生长温度，而 30 至 35 摄氏度则是 C_4 植物最适宜的生长温度。C_3 植物能够在高二氧化碳浓度的环境中提高光合作用效率，而 C_4 植物则相对不受高二氧化碳浓度的影响。Björkman 和 Berry（1973），Pearcy 和 Ehlernger（1984）以及 Blankenship（2002）详细解释了这些途径的化学本质。

植物的终极目标是将大约 4.5% 至 6% 的太阳能转化为净初级生产量。但这已经是植物的最大利用率，而且生存在不同生态系统中的植物很少能达到这种能量转化水平。

尽管在浅水层，有根淡水植物和藻类具有略高的净初级生产效率，但浮游植物群落却只有十分低效的净初级生产效率，这个数字通常低于 0.5%。森林的初级生产量效率（2.0 至 3.5%）比草本植物（1.0 至 2.0%）或农作物（低于 1%）更高一些（Zhu 等，2010；Blankenship 等，2001）。在获取太阳能方面，森林群落相对更为高效，但对于落在地球的太阳能，仍然没有任何一种植被类型的获取率能超过 3% 至 4%。在森林中，有 50% 至 75% 的初级生产量会在呼吸作用中散失，所以净初级生产量也许只有初级生产量的 1/4，远远低于理论上 C_3 植物的最高效率（Amthor 和 Baldocchi，2001）。与草本植物相比，森林具有更大量的茎、枝和根需要维持，而草本植物和农作物群落在呼吸作用中损耗的能量更少一些（45% 和 50%）。这些损耗的结果是，一个大范围的陆生植物群落中，在生长季节，只有大约 1% 的太阳能能够转化为净初级生产量。

如果植物获取太阳能有其效率的上限，那么我们关注的重要问题就是：是否有可能提高农作物生长效率以获取更多的太阳能。为了筛选出能更有效获取太阳能的农作物，目前已经有很多相关研究，但这并不是一个简单的问题。藻类也许能成为一类更具效率的农作物（Blankenship 等，2011）。在理想条件下进行的藻类养殖能够达到 5% 至 7% 的能量利用率，所以藻类养殖业被认为是一种为营养不良的人群提供更多食物的解决途径。此外，藻类还能作为生物燃料提供更多能量（Walker，2010；Blankenship 等，2011）。为了提高农作物的产量，分子生物学家们如今正在纷纷探寻提高植物光合作用能力的方法（Zhu 等，2010）。硅基太阳能电池板能使 10% 至 20% 的太阳能转化为电能，相比之下，植物的效率无疑是更低的。

自然生态系统的初级生产量：海洋

初级生产量究竟是如何随着地球上不同植被类型而变化的呢？图 10.3 显示了地球上海洋区域的年际生产力情况。开阔大洋的生产力水平很低，大概只与极地苔原相当。但因为海洋占据了整个地球表面积的 71%，所以海洋初级生产量的总和能占全球总量的 46%。在来自海洋的这些数据中，让人颇为惊讶的是，热带海洋生产力其实并不高，而温带和极地的海洋生产力却很高。如果太阳辐射单独控制了初级生产率，这种情况应该颠倒过来才是。究竟是什么因子限制了海洋中的初级生产量呢？

光被认为是控制初级生产量的第一种变量，而且光能透入海洋的深度对于定义具有初级生产量的区域十分重要。水能够轻而易举地吸收太阳辐射。超过一半的太阳辐射首先会被水下一米之内的区域吸收，其中包含了几乎所有的红外能量。即使是在"干净"的水域中，也只有 5% 至 10% 的辐射能够到达水深 20 米的区域。非常强烈的光线会抑制植物的光合作用，而在热带和亚热带的海洋表层水域中，全年都存在这种抑制作用。当表层的辐射过量时，初级生产量的最大值将出现在海面之下几米的区域。

如果光是海洋中初级生产量变化的限制因子，那么就应该存在一个从极地到赤道的生产力递增梯度。然而图 10.3 却表现出了相反的一面——现实中并不存在从极地到赤道的生产力递增梯度。热带和亚热带的大片区域，例如马尾藻海、印度洋、北太平洋的中央环流区域，生产力均十分低下。相比之下，北大西洋、阿拉斯加湾、远离新西兰的南大洋却具备相当高的生产力。而最具生产力的

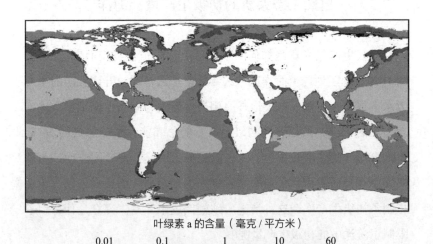

叶绿素 a 的含量（毫克 / 平方米）

0.01   0.1   1   10   60

图 10.3 与叶绿素 a 含量相关的海洋初级生产量全球分布图（年平均值）。来自海洋广域探测卫星的 1997—2007 年海洋表层（30 米深度以上）的叶绿素 a 含量的平均值。海洋叶绿素 a 含量与净初级生产量高度相关。（来源：NASA Sea WIFS，2013。）

区域是非洲西海岸区域、北美和南美海域。

　　为什么在全年光照条件良好的热带海洋，生产力反而不好呢？似乎是营养物成了海洋初级生产量的首要限制因子。氮和磷两种元素通常限制了海洋中的初级生产量。研究人员得出了一项异乎寻常的结论：在海洋中的许多地方，尽管深水区域的营养物含量十分丰富，但在浮游生物所生存的 30 米表层水区域里，氮和磷的含量却十分低下。

　　由于氮在空气中相当丰富，并且能够被海水中很常见的固氮蓝细菌转化为可利用的形式，所以人们完全没有想到，氮会在海洋中的许多地方成为初级生产量的限制因子。由于磷在空气中并不常见（除非是在灰尘中），所以人们过去以为磷才应该是海洋中初级生产量的限制因子。但这种设想被证明是完全错误的，而这也成为科学中"显而易见"的结论不一定正确的一个很好的例子。不过，作为重要限制因子的氮，却造成了另一种进退两难的状况，因为在海洋中的一些面积很大的地方，氮的含量很高，而浮游植物却很少。例如在太平洋赤道海域的表层海水中，硝酸盐和磷酸盐的含量都很高，但藻类的生物量却很低。对此的一种解释是，这片海域的生物群落受植食动物主导，它们控制了植物的生物量。所以当植物的生物量下降时，营养元素便会一直处于过量状态。另一个相反的解释则是，这片海域受到了除氮和磷以外的其他营养元素的限制。

　　位于大西洋亚热带区域的马尾藻海就是一片生物量很低的地方。这里的海水几乎是全世界最清澈透明的，而表层海水的营养元素含量却十分低。不过氮和磷在这里并未限制初级生产量，反而是铁元素成了更重要的限制因子。这种情况为一系列营养元素过剩的实验所验证，在这些实验中，马尾藻海的表层海水被放置在酒瓶中，并填注了丰富多样的营养元素。

关于铁元素限制了马尾藻海初级生产量的演示实验，促成了一种假说：对铁元素的限制可能造成了赤道太平洋海域的低生产力。进入海洋的铁元素，大多数来自风所吹起的陆地灰尘。太平洋和南大洋，是特别缺乏灰尘的。对于能够在海洋中固定氮的蓝细菌而言，铁元素是它们的光合作用"装置"中的一种基本组成成分。铁元素主要是通过影响固氮过程而对初级生产量产生影响的。基于此，我们可以针对海洋中铁元素贫瘠的地方，构建出一个铁元素潜在限制的序列过程：

铁元素——蓝细菌——固氮过程——浮游植物

海洋中也许存在同样利用铁元素的其他种类的细菌，而它们就会和蓝细菌形成竞争，从而使铁元素成为限制因子，进而减少能够被蓝细菌利用的铁元素的量。在大多数开放海域，光合作用所需的光一直是充足的，但氮元素并非如此。

不过这些发现也引发了一个与铁元素限制有关的争议，那便是有人指出：可以通过在生产量低下的海洋区域添加少量的铁，从而刺激海洋中的光合作用，这将吸收巨量的二氧化碳，进而终止全球二氧化碳含量的上升。在南大洋所展开的一系列详尽的、大尺度的铁元素添加计划清晰地向我们表明，添加铁元素的确能够刺激光合作用。但是在全球范围内，这种方法所产生的效果微乎其微，因此并不是一种减少大气中二氧化碳含量的潜在方法（Buesseler 等，2004；Boyd 等，2007）。

为了量化海洋中不同营养元素限制的相对影响，Dowing 等人

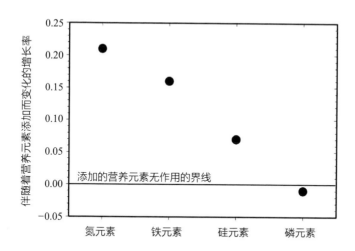

图 10.4　在 303 项实验中添加的营养元素对海洋浮游生物增长率的影响。科学家们在实验中向一片大面积的水域简单添加过量的营养物，并持续跟踪 2—7 天。氮元素和铁元素是清晰可见的主要限制因子。只有在硅藻是浮游植物的主体时，硅元素才成为限制因子。图中的黑线标记了无影响的界线。在实验中，磷元素从未成为限制因子。（数据来源：Dowing et al., 1999。）

（1999）分析了近 40 年来进行的 303 项营养元素添加和对照实验。他们发现，氮元素的添加最能刺激浮游植物种群的增长，其次是铁元素的添加（图 10.4）。所有这些研究结果最后都证实了一点：氮元素和铁元素是海洋中的关键性限制资源。

　　与陆地比起来，海洋的生产量很低；原因似乎在于，海洋中的营养物更少。肥沃而富饶的土壤包含着 5% 的有机质，以及最高可达 0.5% 的氮元素。土壤表面以下 0.25 米以内的区域能够养活 50 千克干重的植物。与此相对的是，在海洋中，最富裕的水域也仅仅含有 0.00005% 的氮元素，含量甚至比肥沃农田土壤小了四个量级。即使是一平方米的最富裕的海水，也只能养活不超过 5 克干重的浮游植物。就长期的植物资源量而言，与陆地比起来，海洋就仿佛是沙漠。而且，虽然海洋的最大初级生产量也许可以和陆地相提并论，但是在海洋中，这种高效率的情况只能维持数天，除非上涌的海水使得表层海水中的营养成分变得足够充足。

而营养物限制的通用规律也有例外，那就是海洋中海水上涌的区域。最大的海水上涌区域位于南极海域，这是一片靠近南极大陆的宽广区域，寒冷的、富含营养物的深层海水会在那里上涌到海洋表面（图 10.3）。其他海水上涌的区域有秘鲁和加利福尼亚的海岸区域；此外，海水上涌也会出现在许多沿海区域，在这些区域，风和水流集合在一起驱离了表层海水，使得寒冷的深层海水移动到海洋表层。这类上涌区域的氮元素和磷元素通常十分丰富，这对于浮游植物的生存十分有益，所以尤其适合捕鱼业。

近年来海洋生态学中一项最令人兴奋的发现是，我们能够通过卫星遥感数据估算初级生产量。通过使用蓝/绿比率调节光谱反射率，就可以实现表层海水中的叶绿素含量估算。通过卫星遥感，海洋生态学家能够在大尺度上分析海洋中生产量的变化，而不需要像从前那样被限制在由船舶测量的少数数据上。这些技术使得我们能够扩大对于海洋中初级生产量以及它随时间和空间而变化的理解。

总而言之，海洋初级生产量的总和受光照的影响很少，但受到营养元素（尤其是对植物生长十分重要的氮元素和铁元素）缺乏的影响很多。而在海洋生态系统中，磷对初级生产量的限制是罕见的。太阳能是海洋初级生产量的基本要素，但并不是限制因子。

淡水湖泊及溪流的初级生产量

在淡水生物群落中，海洋中的那些限制因子似乎并未发挥作用。太阳能限制了每一天的初级生产量基础，而且至少在一个给定的湖泊中，我们可以预测来自太阳能的每天初级生产量（Horne 和 Goldman，1994）。在淡水生态系统中，温度与阳光的入射强度紧密相关，而这两者很难被分别评估为独立的因子。在其他条件相同的情况下，温暖的湖泊比寒冷的湖泊具有更强的生产力。如果给定光照与合理的温度，营养物限制因子便会控制淡水湖泊的初级生产量，而更多样的湖泊则与更多样化的潜在限制因子相关。植物为了生长，需要氮、钙、磷、钾、硫、氯、钠、镁、铁、锰、铜、锌、硼、钒以及钼。除了光线和温度，淡水中的主要限制因子大多数情况下是氮、碳和磷这样的大量营养元素。

究竟是什么因子控制了淡水湖泊的初级生产量？在 20 年代 70 年代，随着污染情况在淡水湖泊中持续增加，这个问题变得日趋尖锐。营养元素以生活污水的直接形式，或者以径流的间接形式被添加进湖泊中，从而增加了藻类的浓度，并导致许多湖泊从清澈的状态逐渐变成被硅藻和绿藻主导的绿色状态，或者变为由蓝绿藻主导的如豌豆汤般颜色的状态。这种湖泊污染和转变被称为富营养化。在我们能控制湖泊的富营养化之前，我们必须断定哪种营养元素需要被控制。氮、磷和碳这三种主要营养元素被列入了应该被控制的备选项。从 1960 年至 1985 年，为了判定最主要的限制因子，人们已经展开了许多与这三种主要营养元素相关的研究工作。结论很简单：在大多数淡水湖泊中，磷是浮游植物生产量的限制因子（Edmondson，1991）。湖泊中的浮游植物资源量与湖水中的磷总量高度相关（图 10.5）。

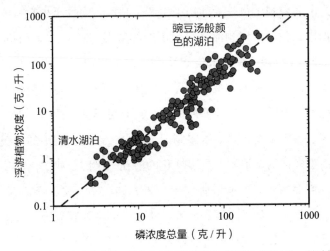

图 10.5 淡水湖泊中磷浓度（克／升）与夏季浮游植物资源量（克／升，以叶绿素为标准进行计算）。当磷浓度增长 100 倍时，藻类的浓度已经增长 1000 倍。在许多淡水湖泊中，磷的浓度水平限制着初级生产量。（数据来源：Ahlgren et al.，1988。）

通过这些实验以及更多的实验，我们所得出的实践建议就是控制湖泊和河流的磷输入总量，并以此作为一种简单的方法来核算难以直接测量的藻类增长值。这些研究所带来的一个很好的社会结果就是，为洗衣店生产无磷洗衣粉。第二个有用的结果是，我们可以计算出允许被添加到湖泊中的磷总量，这样，规划者可以基于水质的高质量维护的思路，来设计环湖区域的人类土地利用方式。

　　河口是淡水和海水的混合区域，这里通常被来自生活污水和工业废水的营养元素严重污染了。由于在咸水中，氮元素通常是浮游生物的限制因素，而在淡水中，磷元素则是浮游生物的典型限制因素，而河口处于淡水与咸水的交界处，所以河口区域具有复杂的营养元素限制梯度变化，在这里，无论是氮的添加还是磷的添加，都会强烈影响初级生产量（Doering 等，1995）。

　　总而言之，在淡水生物群落中，初级生产量通常会受到光照、温度和磷浓度水平的限制。

陆地群落的初级生产量

　　与水域栖息地相比，陆地栖息地的温度变化更为剧烈。并且，从海岸线到阿尔卑斯山脉或大陆内部区域，温度的剧烈变化使得解开存在于太阳能辐射与温度之间的变量成为可能，而这一变量在水生系统中往往是紧紧地绑定在一起的。温度和辐射在季节间的大幅变化会反映在全球格局的初级生产量上。利用卫星成像，我们现在可以观察整个大陆甚至全球格局的陆地生产力。诸如 NOAA（美国国家海洋和大气局）所发射的一系列气象卫星和 NASA（美国国家航空航天局）所发射的海洋之星航天器，其上均装有记录电磁波谱中可见光和红外光特殊反射的传感器。当绿色植物进行光合作用时，它们会在可见光波长范围（0.4—0.7 微米）和近红外波长范围（0.725—1.1 微米）内表现出一种独特的反射图像（Goward 等，1985）。通过结合这些反射光谱带，那种能够将活着的植被从周围的岩石、土壤或水域中辨别出来的植被指数已经开发出来。由于

NOAA 卫星上的高级超高分辨率辐射计（AVHRR）传感器和 "海洋之星" 航天器上的海洋宽视场探测器（Sea WiFS），每天以 1.1 千米级的分辨率至少覆盖地球一次，所以它们在监测全球植被上具有特殊的用途（Sihnorini 等，1992）。

由于卫星数据已经具有在全球范围内估测初级生产量的能力，这使我们能够相对容易地获得陆地群落的初级生产量测量数据。表 10.1 收集了所有陆地生态系统的初级生产量数据。在陆地，初级生产量受光照、温度、水以及土壤中营养物的限制。以年为基准，热带生态系统具有最高的生产量，而在地球的初级生产量总和中，农作物只代表了其中很小的一部分。

表 10.1 净初级生产量和地球上主要生态系统的生物量估算值

生态系统	面积 （10^6 平方公里）	净初级生产量 （克/平方米/年）	总净初级生产量 （10^{15} 克/年）	生物量 （克/平方米）
热带森林	17.5	1250	20.6	19400
温带森林	10.4	775	7.6	13350
北方针叶林	13.7	190	2.4	4150
地中海灌木林	2.8	500	1.3	6000
热带草原	27.6	540	14.0	2850
温带草原	15.0	375	5.3	375
沙漠	27.7	125	3.3	350
极地苔原	5.6	90	0.5	325
农田	13.5	305	3.9	305
冰面	15.5	0	0	0
总和	149.3		58.9	

（数据来源：Schlesinger and Bernhardt，2013，table 5.3。）

在受光照、温度和降水量限制的气候条件下，土壤营养元素含量制约着生产量。农民和肥料公司在多年之前就知道这个道理。生态学家们则希望确切地知道究竟哪种营养元素成了限制因子，以及想知道在添加了营养元素后，究竟能增加多少初级生产量。在一个特定区域所进行的营养元素添加实验，能够被用来判定有多少初级生产量受到了营养元素的限制。为了测验营养元素限制，Cargill 和 Jefferies（1984）在亚北极地区的盐沼苔草地中进行了添加氮和磷的实验。图 10.6 显示了在停止放牧后，添加的氮元素使得苔草地的初级生产量翻倍，而在共同添加硝酸盐和磷酸盐之后，初级生产量翻了两番。就像许多陆地群落一样，在这种沼泽地中，氮是限制生产量的主要营养元素，在适量添加氮后，磷会成为限制因子。"系列限制因子"（a sequence of limiting factors）是一个重要概念，它

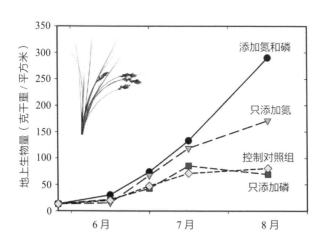

图 10.6　在一个位于加拿大南哈德森湾的亚北极盐沼苔草地（其优势生物为一种莎草［Carex subspathacea］）中施加氮肥和磷肥后的效果。氮和磷是限制植物生长的主要限制因子。（来源：Cargill and Jefferies，1984。）

能帮助我们理解人类管理的农业和林业生态系统中初级生产量的不同水平。

从全球的角度来看，初级生产量主要是由光照、温度、降水和营养物供给等物理环境要素驱动的。植物已经适应了环境中的这些限制，它们通过光合作用所产生的物质驱动着包括我们在内的所有后续生物群落。

本章小结

入射地球的太阳辐射以光合作用的方式驱动着我们的自然生态系统和农业生态系统，在光合作用中，植物将二氧化碳转化为碳水化合物并释放出氧气。植物最多约能获得太阳能中的6%，而在温度、水和营养元素施加限制后，植物利用太阳能的效率将只能达到1%左右。每个单位面积的海洋生产力是十分低的，氮和铁通常是海洋中初级生产量的限制因子。正是由于热带海洋生产力水平低，才使得那里具有清澈的海水。与此形成对比的是，淡水系统通常受到磷的限制，而来自生活污水中的磷极大地增加了城市周围淡水区域的污染。陆地生态系统受到温度、水和营养物的限制，其中的营养元素主要指的是氮，但也包括来自土壤的磷和其他微量元素。想要提高农业产量就涉及分析所有这些限制因子，其中包括从叶片的捕光效率到土壤中营养元素的平衡，以及现在已经成为关键问题的不断增长的人口。

第十一章

气候在变化，群落与生态系统也随之变化

本章重点

· 毫无疑问，目前地球的气候正在快速变化，而大气中温室气体的不断累积是引起这些可被观测到的变暖现象的主要原因，而这些温室气体正来自我们的碳经济。二氧化碳和甲烷是造成全球变暖的主要因素。

· 气候变化的生物指标为过去 200 年间有限的温度和降水数据提供了有力的支持。树木的年轮、湖泊和海洋的岩芯，以及珊瑚礁的生长环都显示，在过去 3 万年间气候变化其实蔚为多样。

· 生物群落需要历经数百年到数千年的时间才能对气候变化产生缓慢的应答。过去的这种缓慢的生物适应与我们如今所面临的由温室气体所驱动的快速气候变化之间存在显著的对比。

　　我们生活在气候快速变化的时代。回顾地球历史，探寻气候变化如何影响了生态系统，并通过过去所发生的气候变化来估测气候变化的速度，对人类是大有裨益的。气候变化的证据其实来自方方面面。虽然我们只具有过去100至200年的直接温度变化测量数据，但是我们可以通过树木的年轮、珊瑚礁的骨骼以及冰芯等间接数据来推测那些更久远时期的更长期气候变化情况。

气候变化在物理学上的记录

大多数关于气候变化的长期数据记录依据的是温室效应的物理学，这是人们建立的关于大气物理学和化学的最好理论之一。温室效应之所以产生是因为地球大气将热量困在地表附近。水蒸气、二氧化碳以及痕量气体，吸收了地球表面所发出的远红外波长。温室气体浓度的增加导致它们以再辐射的形式使地球变暖。这些内容是毋庸置疑的，而这种适用于地球的温室效应原理同样也适用于金星（具有稠密的二氧化碳大气，温度十分高）和火星（只有稀薄的二氧化碳大气，温度十分低）。

冰芯也提供了一种测量气候变化的方法。被困在雪中的空气会被转换到冰川中，通过获取冰芯，人们得以对过去的大气进行抽样调查。这种方法中最特别的一个案例是来自苏联在南极的东方站所采集的长达3623米的冰芯（Petit等，1999）。这段冰芯横跨了42万年的历史。[①] 我们可以通过冰中的氧 −18 和氧 −16 同位素的比例，

---

① 东方站（Vostok Station）是南极点附近的一个考察站，属于南极内陆典型的冰盖气候，是地球上最寒冷的地方。由苏联建于1957年，今属俄罗斯。苏联解体后，科学家在东方站钻取冰芯，1999年钻到3623米深处，得到42万年的记录。——译者注

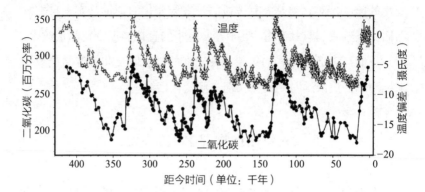

图 11.1 基于南极东方站 3623 米长的冰芯所显示的全球温度（图中三角）和大气二氧化碳浓度（图中圆点）长期变化数据，这些数据涵盖了过去的 42 万年。我们可以测量当冰形成时被封闭在其中的空气里的二氧化碳浓度。图中的温度数据（摄氏度）显示的是与现今地球平均温度的偏差。温度变化的数据显示了过去曾出现的四次冰期，每次持续时间长达约 10 万年。在二氧化碳浓度和全球温度之间存在极强的相关性。（修改自两份文献：Petie et al.，1999；Intergovernmental Panel on Climate Change，2013。）

来推断冰形成时的温度，也可借助封闭在冰中的空气推断二氧化碳的浓度。图 11.1 显示了东方站冰芯随时间而显示的变化。在过去的 42 万年中，全球温度与空气中二氧化碳浓度之间存在紧密的联系。

在以过去的二氧化碳和温度为基础来对未来情况进行推断时，存在两个难点。首先，我们现今的二氧化碳浓度 400ppm[①]，远高于工业革命开始时的 280 ppm，也远高于自然界在过去 42 万年内的二氧化碳浓度。对于能否够通过这些依据过去的历史数据所总结出

---

① ppm：parts per million 的缩写，意即百万分比浓度。是用溶质质量占全部溶液质量的百万分比来表示的浓度。经常用于浓度非常小的场合。对于气体，ppm 一般指摩尔分数或体积分数；对于溶液，ppm 一般指质量浓度。——译者注

的关系来进行推断，我们其实并不清楚。其次，人类正在逐年快速
地改变二氧化碳的浓度，与此相反，历史上二氧化碳的浓度变化是
相当缓慢的。至于海洋和陆地上二氧化碳源与汇的平衡点速率究竟
在哪个位置，我们其实并不清楚。

其他温室气体对温室效应的贡献也与二氧化碳类似。这其中最
重要的温室气体是甲烷、氮氧化物、臭氧以及氯氟烃（CFCs）。在
21世纪，这些微量气体对于温室效应的贡献与二氧化碳相当甚至更
多。自1750年至今，大气中甲烷的浓度已经提高到原来的150%，
远高于过去42万年里的平均水平。化石燃料、农业、畜牧生产是
造成甲烷增加的最主要因素。

为何全球平均温度一直在上升，尤其是过去30年间为何全球
平均温度一直在上升，这是政府间气候变化专门委员会（IPCC）
在过去25年里一直在处理的主要问题。即使温室效应建立在那些
人人普遍接受的物理法则的基础上，要估算出所有"罪魁祸首"所
造成的温室效应影响也是很困难的，而且经常会出错。图11.2向
我们总结了究竟有多少种大气中的化学变化共同促成了全球变暖。
自1750年以来，二氧化碳和甲烷的过度排放是造成全球变暖的最
重要因素。实际上只有一种主要因素减少了太阳辐射的输入，那就
是不断被添加进大气中的灰尘，它们来自与农业和干旱相关的土壤
侵蚀。

大多数人都接受图11.2的结论，而且都会注意到1750年左右
开始的工业革命后人类所制造的二氧化碳和甲烷。即使物理学是清
楚的，但解决气候变暖问题却是最困难的，因为其中牵涉的不是物
理学，而是社会科学和人类行为。

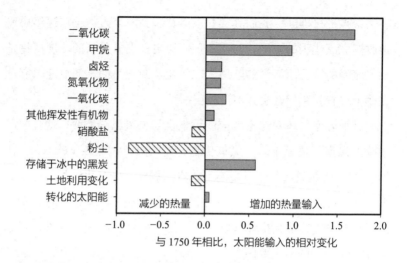

图 11.2 以 1750 年为基础水平至 2011 年,地球上热量辐射的变化。二氧化碳和甲烷的增加是造成地球温度上升的主要因素。空气中的粉尘是造成这一段时间进入地球的太阳能降低的主要原因。(数据来源:IPCC,2013。)

气候变化在生物学上的记录

本书已讨论的人类对生态群落所造成的大多数影响,都可以归结为人类的直接行为,例如将引入的新物种作为宠物(参见图 3.4),或者将群落结构中具有重要作用的物种移除(参见图 7.7)。而长期影响则包含气候变化对生物群落的直接影响。那么,历史上的生物群落是如何对气候变化进行回应的呢?

气候对生物系统的影响能在一个对温度变化进行回应的相对简单的系统中追踪到。在树木的年轮上,较宽的环意味着树木在该年生长良好,而较窄的环则说明树木在该年生长不佳,所以树木的年轮记录了温度和降水的变化。年轮的宽窄影响了沉积木材的密度。通过交叉定年法，我们可以凭借树木生长状况好坏的记录去回溯最远至 1500 年前的气候情况（图 11.3）。瑞典北部的欧洲赤松（*Pinus sylvestris*）具有世界上最长久而持续的年轮数据，收集它们的年轮数据可以作为最有效的年代表，其中涵盖了公元前 5407 年至公元 1997 年的时段（Grudd，2008）。科学家们通过对其中 880 棵树木样本的综合分析，才得以将这个长达 7400 年的精确数据记录完成，那些被分析的样本既包括现生的树木，也包括保存在干燥地表和小

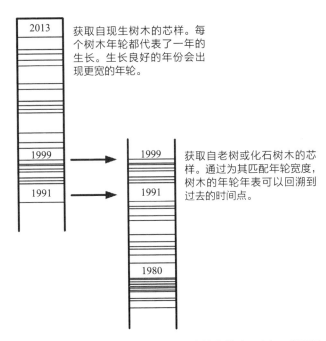

图 11.3 树木年轮分析定年。本图显示了如何进行树木年轮交叉定年，以及树木年轮年表是如何回溯到过去的。这种年表可以回溯超过 1000 年的时间。（修改自 Fritts，1976。）

湖泊中的残余木材。芬诺斯坎底亚（Fennoscandia）[①]北部的树木生长与夏季的温度紧密相关，树木的年轮宽度与短暂的夏季温暖高峰期相关。这些来自瑞典的年轮数据显示，20世纪晚期的温度并没有我们想象的那么异常温暖。依据十年至一百年的时间尺度，公元750年、1000年、1400年和1750年的温暖程度相同，而这几个时间点的温度甚至比过去30年的温度还要高。以公元1000年为中心，曾经有一个存在了长达200年的温暖时期，这期间的温度也比20世纪晚期更高。所以，过去1500年间的气候情况是十分多样的。

在类似于美国西南部的干燥区域，与树木年轮最相关的是干旱。而这使得生态学家可以依靠对干旱敏感的树木，去构建过去1000年来的干旱年表。干旱同样是目前影响农业生产的最主要的问题，而且它曾经是在人类文明史和史前时期影响人类的最主要的气候灾难。这种树木年轮的重建过程允许我们将例如20世纪30年代的"尘暴重灾"（Dust Bowl）[②]数据加入北美地区过去1000年以来的自然干旱变化数据中。这些树木年轮数据已经向我们揭示了那种极端的、持续时间甚长（20至40年）的连续"特大干旱"的存在。不过这种干旱仍然与现今北美所经历的主要干旱情况相似（Herweiger等，2007）。图11.4显示了发生于公元1130年至1170年的这类特大干旱之一的情况。在长达400年的中世纪，这类大干旱时有发生，而那时的气候变化与我们目前的很相似。这意味着，目前导致美国西部持续干旱的机制，其实与引起中世纪时的那些特

---

① 芬兰、挪威、瑞典、丹麦的总称。——译者注

② "尘暴重灾"（Dust Bowl）：或称"黑色风暴事件""肮脏的三十年代"（Dirty thirties），特指1930—1936年间发生在北美的一系列沙尘暴侵袭事件。——译者注

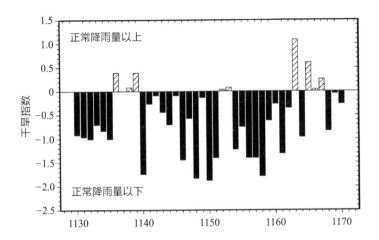

图 11.4　公元 1130 年至公元 1170 年北美洲西部地区的一个大干旱案例。这个干旱由过去 1000 年中树木年轮的宽度推断而来。而在中世纪的公元 1000 年至公元 1400 年，这种延续了 20 至 40 年的特大干旱曾在北美洲出现了四次。（数据来源：Herweijer et al.，2007。）

大干旱的机制相似。

　　气候变化对生态系统的影响能够从孢粉化石中清晰地看出。来自植物的孢粉粒能够以化石的形式保存在湖泊的沉积物中。大多数植物物种具有独特的孢粉特征。通过对来自湖泊或沼泽的岩芯进行放射性碳元素年份测量，并伴以孢粉样本的识别，我们就可以获得过去 30000 年来的植被变化记录，进而将这些植被变化与气候变化联系起来。Lucas 和 Lacourse（2013 年）分析了一条长达 9 米的岩芯，这条岩芯取自不列颠哥伦比亚西南部的彭德岛（Pender Island）上的一个小型湖泊中，科学家们希望借此确认过去一万年间北美洲太平洋海岸区域的森林变化历史，而一万年前正是末次冰期时覆盖着北半球的冰盖开始融化的时间。图 11.5 显示了这个小湖泊中的孢粉剖面。这些孢粉剖面展示了一万年前的一个生物群落的演变史，这里首先由草本植物主导，而在随后的 2000 年里，先是草本植物让步于桤木，接下来则是桤木让步于花旗松和美国黑松森林。大约在距今 7500 年前，奥里根白栎和大叶槭相对更普遍，但在距今 5000 年前，奥里根白栎（*Quercus garryana*）的种群数量开始降至一个极低的水平。与此同时，花旗松的种群数量仍然在继续增加，并逐渐成为这一区域的优势树种。蕨类植物曾经在更早的年代里很常见，但在 7500 年前至今的孢粉剖面中，它们几乎完全消失

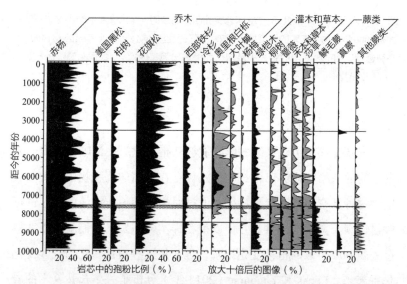

图 11.5 位于不列颠哥伦比亚西南部的彭德岛狍子湖的花粉和孢子的比例。注意，图右侧灰色底纹区域所指的花粉或孢粉浓度被放大了十倍，以便它们在图中能被看得更清楚。距今 7600 年处那条贯穿图像的阴影线，标记出了在这个 9 米长的马扎玛火山（Mazama volcanic）喷发沉积物岩芯中各种植物孢粉的位置。马扎玛山曾是一座位于俄勒冈州的火山，它曾在一次巨大的喷发中将自身摧毁，留下一个位于俄勒冈州的火山口湖（Crater lake）。（来源：Lucas and Lacourse，2013。）

了。在过去一万年间，彭德岛植被的最显著变化就是，奥里根白栎曾于距今约 7600 年前兴起，却在距今 5500 年前消亡，最终花旗松成了优势树种（Lucas 和 Lacourse，2013）。

气候变化下群落的整体变化问题，为现今人们的物种保护和恢复工作提出了挑战。针对奥里根白栎生态系统，土地管理者和保护生物学家们应该采取什么样的保护措施呢？如果我们选择查看距今 8000 至 10000 年前冰期末尾时段的孢粉剖面，那么我们就可以了解人类占据这片大陆之前的植物群落情况。如果我们让植物沿着目前的方向演替，奥里根白栎森林就会接近消失，随后这里会长成一片花旗松森林，原有的生态系统也将消亡。当我们以一个变化的群落而非静止的群落为标准时，特别是以一个具有由人类活动所引发的景观的群落为标准时，修复目标将更难实现（McCune 等，2013）。

气候能够对生物系统产生影响的另一种记录来自石珊瑚。正如热带海洋能在活着的珊瑚上留下气候记录一样，富含微体化石的海底岩芯里同样保留了气候的记录。大多数造礁珊瑚生活在不少于20 米水深的海域，并且会以每年 6 至 20 毫米的速率持续生长。许多石珊瑚物种会形成能够在 X 光或紫外光条件下观测的年生长密度带[①]（类似于树木的年轮）。造礁珊瑚的骨骼可以携带多种同位素或化学指示剂，用于追踪水温和盐度变化。例如，珊瑚芯样中锶元素和钙元素的比值可追踪出三周以内的海洋表面温度，通过这一方法，我们就能精细地测算出过去的温度变化。许多来自这些珊瑚的

[①] 珊瑚骨骼具有清晰的年生长密度带（annual density bands），可作为年代标尺，准确地确定珊瑚骨骼生长的年代。——译者注

记录，已经为我们清晰地勾勒出上溯至至少 15 世纪的年度变化表；当我们把来自海底岩芯和陆地的孢粉数据结合起来，就能够将古气候学的记录上溯至距今三万年前（Reeves 等，2013）。通过综合来自树木年轮、湖泊和海底岩芯、泥炭沼泽的数据以及其他的生物物理学资料，生态学家们就可以构建出一幅气候在全球尺度和地方尺度上发生变化的全球图景。

那么，过去的气候变化究竟是如何影响了热带的生物群落的呢？澳大利西亚的热带区域就很好地向我们揭示了这一点。图 11.6 显示了自末次冰期高峰以来的海平面变化程度。在末次冰期高峰时，地球上大量的水被储存在冰川中。海岸带的植物群落准是受到了海平面变化的强烈影响。图 11.7 综合了海洋和陆地孢粉岩芯数

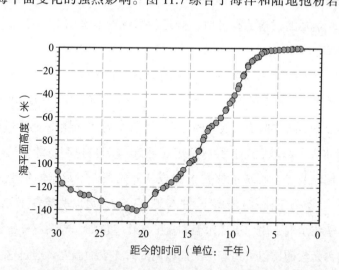

图 11.6 过去三万年间澳大利亚北部和印度尼西亚群岛周围的海平面高度变化。在图中，我们将目前的海平面高度定义为零，而这片海域在末次冰期时的海平面高度要比现在低 130 米。进行这项研究的区域边界是北纬 23.5 度、东经 160 度到南纬 23.5 度、西经 95 度。（来源：Reeves et al.，2013。）

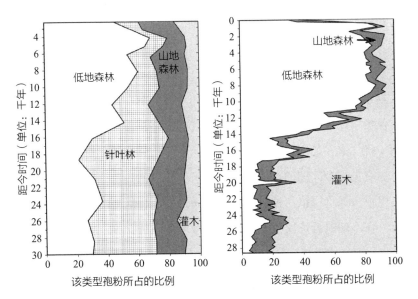

图 11.7 位于澳大利亚的两个热带区域在过去三万年间的孢粉比例组成图。左图显示的是取自距离西爪哇 100 千米外的安达曼海的海洋岩芯带（南纬 6.43 度，东经 95.32 度）。右图显示的是取自西爪哇拉瓦丹瑙（Rawa Danau）的岩芯，这里是西爪哇一片典型的低地沼泽（南纬 6.18 度，东经 105.95 度）。这两个岩芯都显示，低地森林在距今一万至一万五千年前的冰期开始结束时不断增加。（修改自 Reevers et al.，2013。）

据，并显示了伴随着末次冰期的结束以及海平面的剧烈变化，热带区域植被的变化情况。很关键的一点是，热带区域的植被免不了要受气候显著变化的影响。

与气候变化有关的保护议题

从长远来看，植被的变化会伴随着气候变化，而这也引发了一个有趣的问题。通常情况下，保护生物学家们希望能够为下一代保护和恢复那些濒临灭绝的植物类型。在这一过程中，那些被人类广泛干扰前的历史基线，例如欧洲人定居澳大利亚和北美洲的时间点，通常会被当作恢复的目标，但是如果那些地方的原住民在欧洲人到来之前就已经严重影响了原有的生态群落，那么，我们更需要在保护工作中实施更为积极有效的管理措施，而不是简单地移除近期干扰。潜在的问题在于，被指定保护的植物群落一直处在渐变状态。有关这个问题的一个不错的例子就是不列颠哥伦比亚西南部的奥里根白栎草原植物种群（Bjorkman 和 Vellend，2010）。

在不列颠哥伦比亚西南部的温哥华岛东南部以及紧邻的海湾群岛，目前的优势植被是树冠层郁闭的花旗松（*Pseudotsuga menziesii*）森林（见图 11.5），但是森林矩阵中也存在呈现碎片化分布的网络状稀树草原生境斑块，而这些斑块庇护了丰富多样的本地草本植物，其中包括 100 种以上的受胁物种。这类稀树草原上的树木大多是奥里根白栎，而且奥里根白栎正是这片区域保护工作中的旗舰物种（图 11.8）。由于稀树草原属于开放的生境，所以它们经常会被用作住宅开发；正是这类开发造成了大量自然栖息地的消失。19 世纪中叶，欧洲人来到加拿大西部的这片区域定居，但那时原住民已经在那里居住了上千年的时间。孢粉数据显示，早在距今 2500 年前，奥里根白栎草原就开始减少了。而历史数据则支持这样一种假设——在欧洲人定居之前，原住民的栽培活动和用火已经严重影响了景观中的植被结构，但正是原住民的这些行为使奥里根白栎草原得以保存下来，否则这种草原也许早就消失了。这种假设或者说观点得到了以下历史数据的印证：对火敏感的红雪松种群在 20 世纪持续增长，而与此同时，花旗松等耐火树种的种群却在持续下降。

图 11.8　图中显示的是位于温哥华半岛最南端的奥里根白栎林地。美洲原住民过去对火的使用，才使得这种濒危植物的种群保存下来。但现在它们正在转变为郁闭的花旗松林地，这是因为，在人类居住点附近，在自然环境中放火的行为已经完全消失了。这反而造成了一种保护困境。因为许多濒危植物无法在花旗松所形成的郁闭森林中生存，而奥里根白栎生长的区域是它们的避难所。在没有火或者没有人为管理的情况下，这一植物群落将会消失。

火并不是这类草原生态系统中的唯一影响因子，但火的缺失似乎成为一种促使这一群落在近期发生变化的主要驱动力。

　　复育工作经常会遭受目标条件并不明确的问题（Hobbs 和 Craner，2008），那些没有适当的参照点帮助确定历史条件的区域尤其如此。土地管理者们通常采取无为放任的方式，促使土地恢复到它们的"自然"状态。但是在这个案例中，只有通过原住民有意的用火行为，温哥华岛上濒危的稀树草原原有的开放特点才有可能被保持下去。因此，我们不可能被动地放任大自然去经营一切，将这些生境恢复至欧洲人定居之前的状态。要想在这些区域留住开放的稀树草原，就需要实施主动的管理措施；也就是说，要么有控制地焚烧，要么用机械刈割，将入侵的乔木和灌木清除掉。此外，目前与这种稀树草原关系最紧密的树种（奥里根白栎）其实也不是历史上必然出现的那种必不可少的优势树种，因为当人们在 19 世纪对这里进行调查时，许多开阔区域只是生长着稀疏的花旗松。以上这些内容就突出了了解生物群落和生态系统变化过程的必要性，强调了为实现保护和复育目标而采取主动管理的必要性。

人类社会与变化中的气候

受贾雷德·戴蒙德《崩溃》（*Collapse*, by Jared Diamond, 2005）一书的刺激，那种认为气候变化乃人类社会在过去发生崩溃的主要因子的观点，在当下形成了许多针对性的讨论和反对声音。我们其实拥有来自古代历史时期的众多数据，并围绕那些在遥远的过去有着大型人类定居点的地点展开了广泛的考古工作。正如人们所料，各种情况都会被假定为导致人类社会崩溃的原因，例如战争、疾病、迁移、社会所依赖的植物或动物资源的大量损失。

来自北美洲的一个经典的案例是，公元 1150 年后，美洲原住民大型定居点从现在的美国中部地区消失了（Benson 等，2009）。大型定居点如靠近圣路易斯的卡霍基亚（Cahokia），也许容纳了10000 至 15000 人，这个数字在峰值时可能更高。从公元 1050 年至 1100 年，沿着密西西比河的区域都因为卡霍基亚的建设而发生改变，大量人口从小村落涌入这片区域。沿着密西西比河泛滥平原所开展的农业维持着这个大型定居点。该地区基于树木年轮的气候变化记录显示，出现这种快速发展的时期，其实是过去一千年中最为湿润的几个为期五十年的时段之一。但在接下来的 150 年里，卡霍基亚地区却发生了一连串的持续干旱。到大约公元 1200 年时，卡霍基亚的人口已经下降了 50%；到公元 1350 年时，卡霍基亚和许多位于密西西比河中游的谷地都已经被原住民废弃。沿着河流的泛滥平原，其实曾经有大规模依靠农作物而生存的农业社区，而干旱通常被怀疑是造成这种崩溃的主要原因（参见图 11.4），但社会因素和迁移其实也应该牵涉其中。我们很清楚的一点是，当 17 世纪欧洲人开始定居时，这些曾经容纳着众多人口的区域其实只剩下很少的美洲原住民了。

另一个著名的人类社会崩溃的案例发生在公元 750 年至 1050 年间的中美洲玛雅人定居点（Middleton，2012）。一系列不寻常的剧烈而漫长的大干旱导致农业歉收，上百万人死亡，这正如图 11.4 所示。玛雅文明的崩溃并非发生在一瞬间，而且在历次大干旱之间，其实也存在丰沛的降雨期。玛雅文明的主要崩溃发生于四段相互独立的定居点废弃时期（公元 760 年，810 年，860 年和 910 年），而人们也曾提出假说，这次崩溃其实是不可避免的，应直接归因于那些导致农业减产的气候因素。

解释人类社会的历史事件总是很困难的。除了气候变化，社会因素无疑也发挥着重要的作用。环顾中美洲玛雅文明曾统治的巨大区域及几个世纪的变化，气候条件确实发生了逆转，所以尝试以一个单一的理由去解释跨越了巨大时空的某个区域的变化，通常都是很困难的。不同于突然爆发的崩溃，玛雅定居点的消亡耗费了一个世纪的时间，而发生在相互竞争的地点之间的地方性战争其实也加剧了这一区域的崩溃。在西班牙人到来后，小型的玛雅居住点仍然继续存在，直到公元 1697 年被西班牙人征服后才消失。

人类社会极其复杂。因此，在缺乏详细数据的情况下，许多因素都可以被用来解释那些人口对气候变化的应答。对于生态学家而言，最清楚的就是，所有的人类社会都得依靠植物和动物来供给食物，而食物生产系统则依托于持续的、不受干扰的水源供给。干旱在所有的人类社会中都是巨大的灾难，而没有长期的干旱似乎是维持稳定的人类定居的因素之一。

本章小结

气候是我们目前在地球上看到的生态系统的总体控制者，所以气候变化成为生态学研究的热点并不令人意外。那些使地球能够成为一颗宜居星球的物理法则是众所周知的，而围绕着我们的温室气体则是气候的关键。二氧化碳和甲烷是驱动目前气候变化的关键，而两者剧增是我们使用化石燃料的结果。无论是对地球上的动植物而言，还是对人类社会来说，这些气体的不断增加都被视为具有灾难性的后果。

许多生物指示剂能够跟踪气候的变化，那些来自树木年轮、海洋和湖泊底的芯样数据、石珊瑚种群扩张和收缩的情况，都为我们提供了过去植物种群变化的详细描述，尤其是自末次冰期结束后至今的一万年间。生物系统对气候变化的应答究竟能有多快呢？那些生物学的证据正给了我们一个与之相关的记录信息。过去一千年间那种缓慢的气候变化速度，与如今由我们的碳经济所造成的快速的气候变化速度之间，形成了强烈的对比。

　　人类社会也会受到气候变化的强烈影响，我们能够从过去 80 年里在历史学和考古学上所积累的数据中看到这一点。我们假设我们的人类社会将会是不受气候变化影响的例外，但造成过去人类社会崩溃的关键因素都是资源，尤其是依靠持续的水资源供给的食物产量。对于我们这个物种的长久存活而言，气候变化所驱动的干旱名列所有威胁的首位。

第十二章

灭绝永无止境，但由人类造成的物种丧失可以避免

本章重点

· 在地球漫长的生命演化史上，灭绝是十分常见的现象。但是必须承认，当前由于人类活动，许多物种的生存受到威胁。

· 对于许多濒危物种而言，最主要的威胁是栖息地丧失和栖息地退化，其次则是外来有害生物以及过度捕猎与捕捞。通常而言，物种的体型越大，其遭受的灭绝风险越高。

· 国家公园和保护区对于保护至关重要，但是很少大到能确保物种存活。保护周边私人领地同样至关重要。

· 小种群尤其容易出现因近亲繁殖和基因变异性丧失而导致的基因退化问题。管理是维持小种群基因变异的关键。

　　恐龙曾经雄霸地球但又不幸灭绝，每当我们前往博物馆，我们总会惊讶于它们庞大的体型和所发掘出的各式各样的骨架。恐龙在约6600万年前的一次大规模灭绝事件中消失，这次灭绝被认为是彗星或者大型陨石撞击地球所致，它摧毁了当时地球上大约75%的生命。这类灾难性事件通常属于地质学家的研究领域，并且我们总是认为这样的灭绝事件不会发生在现在。但是，我们却有可能正在迈入地球生命史上的另一个大规模灭绝事件。这次的灭绝事件不是由小行星造成的，而是由人类对地球生态系统的影响所致。既然我们掌控着当前这些对物种的威胁，那么我们就能有所作为。理解当前物种所遭受的威胁就是一个很好的开始。目前，受胁或濒危物种遭受着四大类威胁：过度捕杀、栖息地丧失、有害生物入侵和食物链崩溃。

过度捕杀

过度捕杀是指以超过种群恢复能力的速度进行捕捞或捕猎。最容易被过度捕杀的是那些繁殖率较低的大型物种，例如象、鲸和犀牛等。生活在小型岛屿上的生物也容易灭绝。大海雀是一种不会飞行的大型海鸟，由于人类对它们的羽毛、卵和肉的需求，大海雀惨遭过度捕猎，最终于19世纪40年代在大西洋的一些小岛上灭绝（Montevecchi和Kirk，1996）。

非洲象[1]是大型哺乳动物因捕猎而导致种群数量下降的另一个经典案例。非洲象是现存最大的陆生哺乳动物，质量可达7500千克。非洲象要到10—11岁后才性成熟，成年母象每3至9年才产一仔。它们的种群增长率很低，仅为每年6%左右。1970年至

---

[1] 现已拆分为非洲草原象和非洲森林象两种。——译者注

1989 年间，非洲一半的象因象牙贸易而被捕杀。这种种群急剧下降的情况，促使国际濒危物种贸易公约（CITES）禁止了所有的象牙贸易。这一举措取得了较好的效应，象的数量迅猛增长（Blake 等，2007）。2002 年至 2006 年，非洲范围内，象的种群数量平均每年增长 4%。非洲南部拥有整个非洲大陆约 58% 的象，而非洲东部则拥有约 30%。因数据不足，非洲中部及西部的情况尚不明朗（Blanc 等，2007）。在非洲南部的一些国家公园，人们甚至认为象的数量过多，必须剔除掉一些。象的种群数量在 1990 年前大量下降的关键原因是针对象牙的盗猎，一旦去除这一诱因，种群便开始恢复。不幸的是，针对象牙的盗猎于 2007 年再次在非洲中部大规模复苏，象牙贸易经济开始再次威胁许多种群（Dublin，2013）。

盗猎和过度猎捕通常被认为是导致象种群数量下降的直接原因，然而当我们了解了象的社会行为后，就会开始意识到社会和遗传因素对种群恢复能力的影响。Archie 和 Chiyo（2012）描述了这些因素对非洲象的影响。对于寿命很长的动物而言，亲属个体之间的社会纽带对维系种群健康十分重要。雌性非洲象会与自己的家族成员保持着紧密的联系，而具有亲缘关系的个体间的社会互动，是有可能提高后代存活率的。盗猎扰乱了具有亲缘关系的社会群体，对未来的种群生存产生了影响。

对所有有价值的或大型的动物和植物而言，过度捕杀或过度的人为开发，在未来仍将是一个问题。大型捕食者最容易受到这个问题的影响（Ripple 等，2014b）。

栖息地的退化和破坏

第二个推动灭绝的因素是栖息地丧失。人类可以轻易地摧毁动植物的栖息地，然后用来建造房屋或种植农作物。栖息地破坏方面的案例似乎提供了种群下降的最简单的例子。有关栖息地丧失的最简单模型就是，如果丧失一半的栖息地，那么原有的种群也将剩下一半。这就是栖息地的"农业"模型。如果一个农场的面积减半，农民便会被迫将所饲养的奶牛减少至原有数量的一半。但是当这一农业模型运用到自然种群上，就完全错了。图 12.1 显示了巴西亚马逊的一片原始森林被砍伐、燃烧并转变为农田后，鸟类种类下降

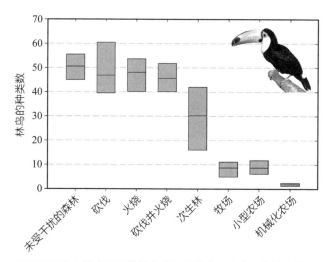

图 12.1　巴西亚马逊中部未受干扰的森林与受林业和农业干扰的森林中，林鸟的种类数比较。实验选取了巴西中帕拉州（central Para state）圣塔伦/贝尔特拉（Santarem/Belterra）的 165 个样带进行比较。每个长方形中的横线代表每个土地利用类型中鸟类的平均种类数，灰色框则表示该土地利用类型的样带中，最高鸟类种类数和最低鸟类种类数的数值的一半所处的范围。（数据来源：Moura et al., 2013。）

的情况。只要一处景观中仍存有足够面积的原始森林，即使林鸟的种群数量会下降，但也不至于灭绝。这就引发了一个问题：究竟多大面积的原始森林才能避免物种灭绝呢？对土地规划者来说，这是一个非常棘手的问题。

　　一个全球性的问题是，人类已经霸占了地球表面很大一部分土地用于开展农业，而许多动植物都无法在农田景观中存活。而那些未被农业侵占的土地，许多也已经破碎化，或者分散成小斑块，这在地球上的每个国家都已经是司空见惯的现象（Echeverria 等，2006）。栖息地破碎化会从许多方面对种群产生不同作用。一个特别简单的案例来自分布在北极地区的日益濒危的北极熊。由于北极熊的捕食对象几乎全是海豹，而海豹的繁殖和日常生活都在冰面上，所以北极熊的适宜栖息地正是海冰区域。如果海冰融化，海豹便会向更北的地方迁移，北极熊必须紧随其后，否则便会饿死。大量研究表明，北极地区必须保持50%—60%的冰面覆盖率才能支撑北极熊的存活。我们可以从卫星数据中相对容易地对北极熊的栖息地质量进行归类分级（图12.2）。这些研究的结果使我们认识到，对北极熊来说，它们原有的地理分布区的南部正在变得愈发不适宜，即使在冬季那里的海冰也过于稀疏（Stirling，2011）。如果全球变暖持续下去，北极的冰面继续缩减，那么北极熊的种群将面临严重的威胁。

　　栖息地破碎化会导致物种丧失，我们可以通过测算小栖息地斑块中的物种占有率看到这一点。在斑块过小的极端情况下，物种将无法生存。我们可以清晰地看到，同一物种在不同面积的栖息地的占有率不同。栖息地破碎化对鸟类的影响已经受到了深入的研究。

0—30% 冰面覆盖。
不可利用的栖息地。

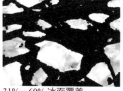

31%—60% 冰面覆盖。
较差的栖息地，非常开阔的冰面。

61%—85% 冰面覆盖。
较好的栖息地，开阔的冰面。

86%—100% 冰面覆盖。
最好的栖息地，紧凑的冰面。

图 12.2 根据海洋被冰面覆盖的情况对加拿大东部北极地区的北极熊冰面栖息地进行归类分级。北极熊几乎只取食海豹，大部分时间生活在冰面上。如果没有足够的冰面面积，随着海豹转移至别处，北极熊就会挨饿。极地海洋的冰面覆盖情况可通过卫星进行快速监测。（改编自 Sahanatien and Derocher，2012。）

图 12.3 显示了只有当残存森林的面积超过 100 公顷时，澳大利亚东南部的黄鸲鹟（*Eopsaltria australis*）的占有率才能达到最大值。通常而言，动物的体型与其生存和繁殖所需的面积之间存在正相关（Biedermann，2003）。大型动物一般需要更大的栖息地面积。

　　孤立斑块中也并非总会发生物种重新扩张的情况。这方面的一个经典案例来自印度尼西亚雅加达附近的茂物植物园（Bogor Botanic Garden）。茂物植物园建于 1817 年，位于西爪哇，占地 86 公顷。1936 年以前，这座植物园与其他森林相连，一直通往爪哇东边。然而在过去的 80 年里，它变成了一块孤立的森林斑块，与最近的森林斑块之间相距 5 千米之遥（Sodhi 等，2006）。该植物

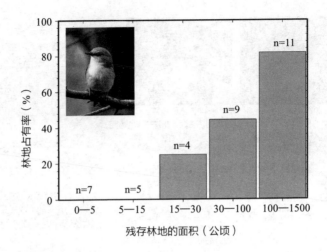

图 12.3 澳大利亚新南威尔士州中部，黄鸲鹟所占有的残存林地的百分比。小林地对这种小型鸟类的保护不利。（数据来源：Briggs et al.，1999；图片版权：Peter Fullagar。）

园曾于 1932—1952 年记录到 97 种正在进行繁殖的鸟类，而截止到 2004 年，有 57 种（59%）已经消失了。许多大型鸟类种群丰度本来就比较低，并且它们的种群并未从附近区域重新扩张回来。这两个因素结合起来，成为它们在植物园里灭绝的主要原因。这个植物园本身面积过小，无法维持许多热带林鸟的安全种群，所以最终失去了植物园该有的鸟类保护方面的许多价值。

几乎所有栖息地破碎化案例都导致了物种丧失。北美大草原也是一个很好的例子。当欧洲人第一次到达这里时，大草原覆盖着威斯康星州南部约 80 万公顷的面积。而现在，大草原仅不到其原有面积的 0.1%（Leach 和 Givnish，1996）。1948 年至 1954 年间，人们对威斯康星州大草原上 54 片残存的斑块进行了植物调查，并在

1987—1988 年间进行了重复调查。40 年间，有 8%—60% 的植物种类消失了，年平均速率在 0.5%—1.0% 之间。按照这种灭绝速率，约有一半的植物种类将在未来的 50—100 年间消失。那些寿命短和珍稀的植物物种灭绝比例尤其高。而在大草原中实施的用火控制似乎正是植物减少的动因，只有进行有节制的用火，才能扭转植物种群下降的情况。

有害生物引入带来的影响

外来引入动物要为历史上 40% 的灭绝事件负责。其中，我们收集到的大多数数据是关于哺乳动物及鸟类的，我们对这两类动物有更详细的信息，但我们并不知道这一比例是否同样适用于无脊椎动物与植物。但是，没有人会怀疑一些外来物种所带来的不利影响。尖吻鲈于 20 世纪 80 年代早期被引入维多利亚湖，随即导致仅存于该湖的 500 种慈鲷科鱼类灭绝或接近灭绝（Seehausen 等，1997）。之后，尖吻鲈成了主要的渔业捕捞对象，它们的丰度在 20 世纪 90 年代至 21 世纪头十年大幅减少。来自尖吻鲈的捕食压力的减少使得维多利亚湖内一部分特有慈鲷科鱼类得以恢复，但绝大多数的特有鱼种在这之前已经消失了，还有一些已经变得极为稀少（Witte 等，2013）。

在过去 200 年间，有接近 50% 的哺乳动物灭绝事件发生在澳大利亚。所有消失的哺乳动物的体重都处于 35 至 4200 克这一重要的质量范围之间，而那些非常小或非常大的哺乳动物却并未受到这些灭绝事件的影响（Burbidge 和 McKenzie，1989）。人们对灭绝的原因有许多解释，如：农业活动所引发的动物栖息地清除，消防制度发生变更，被引入的植食动物成了灭绝动物的竞争者，捕食者被引入，等等。不过，罪魁祸首似乎是那些被引入的捕食者，尤其是赤狐（Short 等，2002）。澳大利亚中型有袋类动物逐步消失的过程与赤狐扩散的过程呈现镜像对应。如果赤狐能够得到控制，那么一些目前只限于生活在那些没有赤狐分布的海岛上的受胁物种，将有望重引入它们原来的分布区域。

外来物种是当前几个最严重的保护问题之一，同时它也是造成动物灭绝的主要原因（Szabo 等，2012）。就鸟类而言，据估计，自公元 1500 年以来，全世界有 141 种鸟类已经灭绝。这些灭绝的动物集中在夏威夷、澳大利亚、新西兰和波利尼西亚。其中 58% 的鸟类灭绝主要由外来物种造成；而由外来物种造成的鱼类和兽类的灭绝比例也接近于此。20 世纪，随着全球贸易的加速发展，发生了许多无意的或故意的引入事件，但却很少有人顾及它们在物种保护上所造成的后果。

大灭绝

最后一个造成灭绝的原因是食物链的崩溃，其中，处于食物链前一级的物种的灭绝会导致食物链后一级的物种跟着灭绝。也就是说，一个物种的灭绝会造成另一个物种灭绝。如果一些生物的生存需要依靠一种已经消失的生物，那么这些生物也必然会走向灭绝。一些特化的物种（specialist species）的灭绝会导致链式灭绝（chains of extinction）的发生，这些特化的物种仅能取食另一个物种，或仅能依赖另一个物种为其提供庇护所。相比于温带与极地区域，这种食物链的关系在热带区域更为典型。一种显而易见的级联灭绝 [①] 发生在寄生生物上，当它们的寄主灭绝时，它们显然就会灭绝。不过迄今为止，人们对这类灭绝事件的关注很少，因此描述详尽的案例也很少。

最明显的链式灭绝案例莫过于大型捕食者会随着它们的捕食对象的灭绝而灭绝。新西兰的哈斯特鹰（*Harpagornis moorei*）重达10—13 千克，捕食在地面活动的大型鸟类。当恐鸟在新西兰灭绝后，哈斯特鹰也接踵于公元 1400 年左右灭绝（Holdaway，1989）。北美洲黑足鼬数量的下降与其主要食物草原犬鼠在北美大平原的减少直接相关。目前，黑足鼬已被重引入草原犬鼠种群稳定的区域（Miller 和 Reading，2012）。然而，这一物种的未来仍令人担忧，因为美国西部的农场主仍然会大肆捕杀草原犬鼠。同时，黑足鼬非常容易感染北美大平原肉食动物的流行疾病——犬瘟热。

如果我们无法对一个生态系统的食物链动态变化形成清晰的认识，那么当食物链中前一级的物种灭绝后，我们就无法预测接下来会有哪个物种紧跟着灭绝。有人曾经假设，每个消失的物种都是一个独立的实体，它们的消失无论是在区域尺度还是全球尺度上，都不会对食物链中的其他物种产生很大的影响。判定这一假设是否属实需要更深入的研究。而当前，面对如此众多的濒危物种，我们无法预测它们灭绝后会发生什么后果。

---

① 级联灭绝（cascade of extinction）：指生态系统中某一重要物种的死亡，触发一系列物种灭绝的连锁效应。——译者注

国家公园和保护区的角色

要保护那些有可能濒危的物种，一个方法是建立国家公园、保护区或受保护的地域。在许多国家，国家公园被看作是为保护生物种群及群落而建立的一片受保护的区域。如果一个国家公园或保护区想有效地行使保护重任，那就需要定确指明自己想要达成的目标。不过，国家公园或保护区往往会具备两个颇具分歧的目标。

1. 保护一些特殊的动植物群落避免因火灾、啃食、捕食等的影响而发生变化。这些保护区的管理要求制定对于用火、植食动物啃食、肉食动物捕食等现象所能允许的级别。

2. 使生态系统保持自然状态，不干扰其生态过程，并允许生态系统因其自身的调控而发生相应的变化。在这种情况下，不会有任何想要改变动植物种群与群落的人为尝试。

像国家公园这样的保护区通常会同时具有这两个目标，而对于保护区的管理者或公众来说，这通常又会带来矛盾。这种矛盾就在于什么程度的变化是可以接受的，以及什么样的利用是不可接受的。

很少有国家公园和保护区被允许在不实施任何管理的条件下，按照其自然的状态存在。在整个地球的陆地区域，人类已经建立了众多的国家公园，想进一步让更多的土地被指定为新的国家公园似乎已经不太可能。而在海洋领域，许多海洋保护区域目前正在被陆续建立。而在人们对这些海洋保护区域进行选择时，需要的是更多的规划。关于海洋保护区，有两个关键问题，一是选址在何处（如果能够选择的话），二是为达到保护目标所需要的面积是多大。

截止到 2010 年，地球上大约 14.6% 的陆地、9.7% 的近海水域以及 2.3% 的公海区受到了保护（Bertzky 等，2012）。由各个国家所指定的陆域保护区域面积达 1700 平方千米，这相当于两个巴西的大小。海洋保护仍旧集中在近岸海域（距离陆地 0—12 海里 [①]，或 0—22 千米）。许多政府的目标是保护约 17% 的陆域栖息地，并增加近海水域受保护的面积。如果我们被赋予了一个增加现有保护区的任务，应该如何开展呢？一个方法是辨识出那些物种极为丰富的热点区域，并把保护区建在这些区域内。这一方法也会存在问题，例如通常鸟类种类丰富的热点区域，蝴蝶种类却并不丰富。所以我们在选择保护区时，不能仅仅依据一个分类类群，而是希望这个保护区还能保护其他的物种类群。不过，有时一些面积较小的区域，却拥有比其他更大的区域还要丰富的物种，我们应该利用这类信息来帮助我们筛选出新增保护区。如果一个国家公园或保护区系统要想真正有助于物种保护，就必须获悉其所关注物种的生态学需求。其中就包括物种利用临时栖息地这一特殊问题。许多蝴蝶会利用临时栖息地来产卵和发育幼虫。如果把这些栖息地从保护区中划出，或者改变保护区范围，例如将保护的区域从草地变为森林，那么蝴蝶就可能因为丧失了寄主植物而消失。尤其是蝴蝶和鸟类，经常需要好几种栖息地。在适宜的栖息地斑块间迁移，对它们的存活至关重要。

保护生物学的最大贡献之一就是告诉人们，对于有些物种而

[①] 1 海里 =1852 米。——译者注

言，保证它们在一定区域实现种群延续的最小可存活种群（the minimum viable population）其实很大，因此，仅仅依靠面积有限的国家公园或禁猎区，而不考虑保护区域外的土地利用，是不可能维持它们的生存的。图 12.4 说明了美国西部的黄石—大提顿国家公园区域的北美棕熊所存在的这种问题。黄石公园是美国最大的国家公园之一，大家都以为它的面积已经足够大，能够保护其中所有的生物多样性。然而，事实并非如此。一片区域要想维持北美棕熊的最小可存活种群，至少要有 500 头个体，其生物边界内的面积需

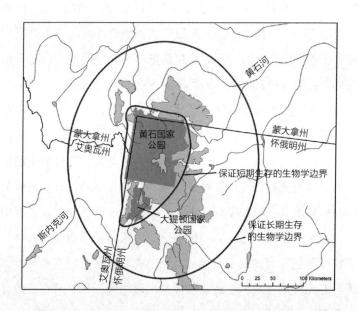

图 12.4　美国黄石-大提顿国家公园群的法定边界，以及保护北美棕熊（*Ursus arctos*）所需要的边界。单个北美棕熊的存活需要巨大的家域面积（489 平方千米），以保护为目的所需要的边界（粗线）是按照以下标准确定的，即支撑一个含有 50 头熊的种群的短期存活，或 500 头个体的长期存活所需要的必要地域。图中深灰色区域为国家公园，淡灰色区域为联邦荒野地区。（改编自 Newmark，1985。）

要达到 122330 平方千米，大约是现有国家公园面积 10328 平方千米的 12 倍之多。对于维持大型兽类及鸟类的生存而言，我们现有的国家公园都太小了。只有国家公园外的私人土地一起为生物多样性保护做出贡献才行。所以，对于地球生物多样性的保护而言，很重要的一点是，我们不能仅仅指望国家公园和保护区。我们需要建立起在所有的人类用地——农业用地、畜牧用地以及人工林等区域内，共同保护生物多样性的方法。

受胁物种的遗传问题

对于那些种群数量正在下降或者种群受到威胁的物种而言，伴随着它们的大多数问题都是属于生态学范畴的，所以在实施保护的过程中，解决的办法在于弄清楚每个特定物种的受威胁过程，并通过管理措施来消除这些问题。但是那些种群数量不多而且还在不断减少的物种，则可能存在潜在的遗传问题，并且遗传学方面的因素可能促使该物种走向灭绝。灭绝旋涡（图 12.5）总结了其中所涉及的各个过程。这种通过遗传学来探究物种灭绝的方法，关注的是小种群所带来的种群后果。这种方式在某些例子中是有利于保护的，例如一种在岛屿上生存的小种群鸟类，以小群体形式存活的某些濒危动物（例如仅存于某动物园里的某种灵长类），或者现在仅存于某植物园中的某种罕见兰花。

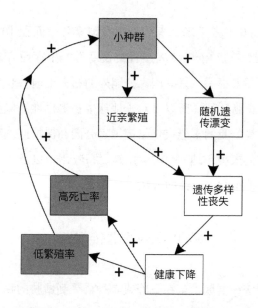

图 12.5 受胁小种群的灭绝旋涡。例如生活在岛屿或动物园中的小种群，会跌落至正反馈循环的旋涡中。在这个旋涡中，种群小会导致近亲繁殖、遗传漂变以及遗传多样性丧失。而遗传多样性对生存力至关重要，随着死亡率上升、繁殖减少，种群的健康程度就会下降，种群便会进一步减小。除非有新的遗传多样性被带入种群，否则这个种群就可能以灭绝而告终。

　　近交衰退[①]、遗传漂变以及一些种群统计学意义上的偶然事件都会给小种群带来正反馈循环（positive feedback loops）风险，从而不可避免地造成其物种灭绝。关键因素在于维持其遗传变异性，在这方面有一个重要的假设就是：物种未来的演化需要依靠遗传变异性，只有这样，它们的种群才能够长期延续下去。这种假设还有

---

① 近交衰退（Inbreeding depression）：有亲缘关系的亲本进行交配，可使原本是杂交繁殖的生物增加纯合性，从而提高基因的稳定性，但往往伴同出现后代减少、后代弱小或后代不育的现象。——译者注

另一面，就是认为，如果物种不具备遗传变异性，那么它将永远无法在演化的时间尺度上存留。如果这种假设是正确的，那么保护生物学家们就必须首先努力维持受胁种群的遗传变异性（Johnson 和 Dunn，2006）。

什么因素会使一个只具有小种群的物种走向灭绝呢？一旦种群过小，就容易受到一系列偶然事件的影响。以下两类偶然事件就会促使物种走向灭绝。

1. 种群统计学意义上的变异性。出生率及死亡率的随机变化能够导致物种意外灭绝。当一个种群的个体数量过少，那么每个个体的命运对于种群的存活都至关重要。让我们来设想一个极端案例，某个物种的岛屿种群仅剩下一雌一雄两个个体。如果这个雌性只产生雄性后代，当它死亡后，这个种群便会走向灭绝。总体而言，只有当一个种群拥有大约不到30—50个个体时，种群统计学意义上的变异性对于灭绝就至关重要。

2. 遗传变异性。因为没有遗传变异性，演化就不会发生，所以任何遗传变异性的丧失都有可能导致灭绝。许多遗传学研究都表明，具有高遗传变异性的个体要比具有低遗传变异性的个体更加健康。遗传变异性在两性生殖（因为每个个体仅有一半的基因得以延续）和近亲繁殖（双亲的亲缘关系很近）时会发生意外消失的情况。当繁殖种群变大的时候，这两种遗传变异性丧失的情况就会达到最小化；而这也正是只能对小种群产生影响的经典问题。

　　小种群也会因为诸如火山爆发、洪水、火灾和飓风等自然灾害事件而走向灭绝。那些仅分布于极少数地点且只拥有极少数个体的物种，总会受到偶发性灾害事件的高度影响。

　　当我们需要逆转物种所面临的灭绝威胁时，所有这些具有威胁性的过程都必须减弱才行。目前令人担忧的西班牙雕（*Aquila adalberti*）就是一个很好的例子，它是全世界最濒危的猛禽之一。多南那（Donana）国家公园（位于西班牙西南部）里的西班牙雕种群在20世纪70年代后就一直处于长期稳定的状态，但却在1992—2003年间数量骤降。主要原因是大量成鸟由于农业杀虫剂而中毒身亡。而下降中的种群随即进入了繁殖力下降以及后代性别比例偏向于雄性的灭绝旋涡（Ferrer等，2013）。面对迫在眉睫的灭顶之灾，人们于2004年实施了一项紧急保护计划（图12.6）。那就是全年为西班牙雕补充喂养活的野兔，从而避免繁殖个体飞往国家公园外寻找食物，并以此降低成鸟中毒身亡的概率。同时，科学家释放了15只年轻个体（主要是来自其他区域的人工繁殖雌性个体）来壮大现有种群。该项计划实施后，成鸟的年死亡率随之下降，而繁殖个体的平均年龄则得到了提升。相应地，西班牙雕的繁殖力也恢复到接近于它们种群下降前的数值（从每对生育0.6个后代到每对生育1.3个后代），而且性别比也再次达到平衡。这些保护行动在短期内取得了成效，而且也使得从灭绝旋涡中拯救濒危种群成为可能。现在，还需要降低农业中杀虫剂的使用，从而避免西班牙雕因中毒而意外身亡。

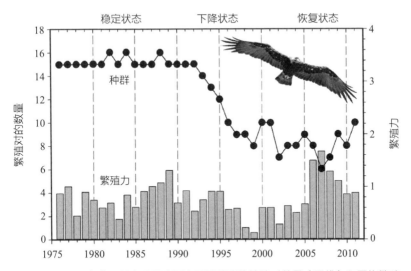

图 12.6　西班牙多南那国家公园内西班牙雕种群的繁殖对数量（黑线）和平均繁殖力（灰柱状图）。在种群稳定阶段（1976—1991 年），种群数量接近于公园的承载力（16 对），平均繁殖力也处于稳定状态，每对西班牙雕每年繁殖 1 个后代。在种群下降阶段（1992—2003 年），繁殖对的数量大幅下降，这是由中毒引起的成鸟死亡率上升所致。而这又使得西班牙雕的繁殖力下降，因为年龄较大的成鸟繁殖成功率高于年龄较小的鸟。2004 年，一个包含多项行动的恢复项目得以实施。随后，西班牙雕繁殖力立即显著上升，种群的恢复则略微滞后。（数据来源：Ferrer et al.，2013。）

本章小结

　　保护生物学关注的是珍稀物种和种群数量正在下降的物种的生态学问题。想要扭转种群数量下降，我们需要分辨导致数量下降的生态学原因，并制定出缓解措施以阻止种群下降。而保护的行动中可以几乎不包含生态学理论，但要注重每个独立的行动计划。只有理解了某一濒危植物或动物的种群生物学，我们才能制定出一套适合正在下降的种群的拯救计划。在诸如非洲象这样的案例中，种群下降的原因是显而易见的。而在其他案例中，我们缺乏给出行动建议的生态学理解，我们需要培养制定行动方案的洞察力。

灭绝是保护问题的终极聚焦点。当今发生的所有动植物灭绝事件，主要由栖息地破坏和生物入侵引起。栖息地破坏会使种群数量减少，并有可能触发灭绝旋涡。因此，栖息地保护是所有保护工作的主要目标。

现有的国家公园与保护区很少能够大到容纳大型脊椎动物的可存活种群，因此为了维持各种动植物的生存，私有土地上的保护工作也同样至关重要。

我们如今面临的生态挑战是为每一个受胁物种制定有针对性的保护计划，并依据威胁物种灭绝的过程来采取具体行动。如果没有国家公园与保护区，保护将无从谈起，但仅有它们也是远远不够的；我们只有解决了濒危物种正面临的各种具有挑战性的问题，才有可能在物种保护的道路上取得成功。

参考文献

Abella, S. R. (2010) Disturbance and plant succession in the Mojave and Sonoran deserts of the American Southwest. *International Journal of Environmental Research and Public Health*, 7, 1248–1284.

Abraham, K. F., Jefferies, R. L. & Alisauskas, R. T. (2005) The dynamics of landscape change and snow geese in mid-continent North America. *Global Change Biology*, 11, 841–855.

Ahlgren, I., Frisk, T. & Kamp-Nielsen, L. (1988) Empirical and theoretical models of phosphorus loading, retention and concentration vs. lake trophic status. *Hydrobiologia*, 170, 285–303.

Alisauskas, R. T., Rockwell, R. F., Dufour, K. W., Cooch, E. G., Zimmerman, G., Drake, K. L., Leafloor, J. O., Moser, T. J. & Reed, E. T. (2011) Harvest, survival, and abundance of midcontinent Lesser Snow Geese relative to population reduction efforts. *Wildlife Monographs*, 179, 1–42.

Allen, K. R. (1980) *Conservation and Management of Whales*. University of Washington Press, Seattle.

Allendorf, F. W. & Hard, J. J. (2009) Human-induced evolution caused by unnatural selection through harvest of wild animals. *Proceedings of the National Academy of Sciences of the USA*, 106, 9987–9994.

Alongi, D. M. (2008) Mangrove forests: resilience, protection from tsunamis, and responses to global climate change. *Estuarine, Coastal and Shelf Science*, 76, 1–13.

Amthor, J. S. & Baldocchi, D. D. (2001) Terrestrial higher plant respiration and net primary production. *Terrestrial Global Productivity* (eds. J. Roy, B. Saugier & H. A. Mooney), pp. 33–59. Academic Press, San Diego.

Andersson, D. I. (2006) The biological cost of mutational antibiotic resistance: any practical conclusions? *Current Opinion in Microbiology* 9, 461–465.

Archie, E. A. & Chiyo, P. I. (2012) Elephant behaviour and conservation: social relationships, the effects of poaching, and genetic tools for management. *Molecular Ecology*, 21, 765–778.

Barnosky, A. D., Koch, P. L., Feranec, R. S., Wing, S. L. & Shabel, A. B. (2004) Assessing the causes of Late Pleistocene extinctions on the continents. *Science*, 306, 70–75.

Barnosky, A. D. & Lindsey, E. L. (2010) Timing of Quaternary megafaunal extinction in South America in relation to human arrival and climate change. *Quaternary International*, 217, 10–29.

Beckie, H. J., Lozinski, C., Shirriff, S. & Brenzil, C. A. (2013) Herbicide-resistant weeds in the Canadian prairies: 2007 to 2011. *Weed Technology*, 27, 171–183.

Bell, G. (2013) Evolutionary rescue and the limits of adaptation. *Philosophical Transactions of the Royal Society B: Biological Sciences*, 368, 20120080.

Benson, L. V., Pauketat, T. R. & Cook, E. R. (2009) Cahokia's boom and bust in the context of climate change. *American Antiquity*, 74, 467–483.

Bertzky, B., Corrigan, C., Kemsey, J., Kenney, S., Ravilious, C., Besançon, C. & Burgess, N. (2012) Protected Planet Report 2012: Tracking progress towards global targets for protected areas. International Union for the Conservation of Nature and United Nations Environment Program, IUCN, Gland, Switzerland, and UNEP-WCMC, Cambridge, UK.

Bianchi, T. S., DiMarco, S. F., Cowan, J. H., Jr., Hetland, R. D., Chapman, P., Day, J. W. & Allison, M. A. (2010) The science of hypoxia in the Northern Gulf of Mexico: a review. *Science of the Total Environment*, 408, 1471–1484.

Biedermann, R. (2003) Body size and area-incidence relationships: is there a general pattern? *Global Ecology & Biogeography*, 12, 381–387.

Bjorkman, A.D. & Vellend, M. (2010) Defining historical baselines for conservation: ecological changes since European settlement on Vancouver Island, Canada. *Conservation Biology*, 24, 1559–1568.

Björkman, O. & Berry, J. (1973) High efficiency photosynthesis. *Scientific American*, 229, 80–93.

Blackburn, T.M., Prowse, T.A.A., Lockwood, J.L. & Cassey, P. (2013) Propagule pressure as a driver of establishment success in deliberately introduced exotic species: fact or artefact? *Biological Invasions*, 15, 1459–1469.

Blake, S., Strindberg, S., Boudjan, P., Makombo, C., Bila-Isia, I., Ilambu, O., Grossmann, F., Bene-Bene, L., de Semboli, B., Mbenzo, V., S'Hwa, D., Bayogo, R., Williamson, L., Fay, M., Hart, J. & Maisels, F. (2007) Forest elephant crisis in the Congo Basin. *PLoS Biology*, 5, 0945–0953.

Blanc, J. J., Barnes, R. F. W., Craig, G. C., Dublin, H. T., Thouless, C. R., Douglas-Hamilton, I. & Hart, J. A. (2007) African Elephant Status Report 2007: an update from the African Elephant Database. *Occasional Paper Series of the IUCN Species Survival Commission* 33, 1–276.

Blankenship, R. E. (2002) *Molecular Mechanisms of Photosynthesis*. Blackwell Science, Oxford, U.K.

Blankenship, R. E., Tiede, D. M., Barber, J., Brudvig, G. W., Fleming, G., Ghirardi, M., Gunner, M. R., Junge, W., Kramer, D. M., Melis, A., Moore, T. A., Moser, C. C., Nocera, D. G., Nozik, A. J., Ort, D. R., Parson, W. W., Prince, R. C. & Sayre, R. T. (2011) Comparing photosynthetic and photovoltaic efficiencies and recognizing the potential for improvement. *Science*, 332, 805–809.

Bourguet, D., Delmotte, F., Franck, P. & Consortium, R. (2013) Heterogeneity of selection and the evolution of resistance. *Trends in Ecology & Evolution*, 28, 110–118.

Boyd, P. W., Jickells, T., Law, C. S., Blain, S., Boyle, E. A., Buesseler, K. O., Coale, K. H., Cullen, J. J., de Baar, H. J. W., Follows, M., Harvey, M., Lancelot, C.,

Levasseur, M., Owens, N. P. J., Pollard, R., Rivkin, R. B., Sarmiento, J., Schoemann, V., Smetacek, V., Takeda, S., Tsuda, A., Turner, S. & Watson, A. J. (2007) Mesoscale iron enrichment experiments 1993–2005: synthesis and future directions. *Science*, 315, 612–617.

Briggs, S.V., Seddon, J. & Doyle, S. (1999) Predicting biodiversity of woodland remnants for on-ground conservation. *National Heritage Trust (Australia), Special Report AA 1373.97, Canberra, September 1999.*

Bristow, C. S., Hudson-Edwards, K. A. & Chappell, A. (2010) Fertilizing the Amazon and equatorial Atlantic with West African dust. *Geophysical Research Letters*, 37, L14807.

Brower, L. P., Taylor, O. R., Williams, E. H., Slayback, D. A., Zubieta, R. R. & Ramírez, M. I. (2012) Decline of monarch butterflies overwintering in Mexico: is the migratory phenomenon at risk? *Insect Conservation & Diversity*, 5, 95–100.

Buckle, A. (2013) Anticoagulant resistance in the United Kingdom and a new guideline for the management of resistant infestations of Norway rats (*Rattus norvegicus* Berk.). *Pest Management Science*, 69, 334–341.

Buesseler, K. O., Andrews, J. E., Pike, S. M. & Charette, M. A. (2004) The effects of iron fertilization on carbon sequestration in the Southern Ocean. *Science*, 304, 414–417.

Burbidge, A. A. & McKenzie, N. L. (1989) Patterns in the modern decline of Western Australia's vertebrate fauna: causes and conservation implications. *Biological Conservation*, 50, 143–198.

Burrows, M. T., Schoeman, D. S., Richardson, A. J., Molinos, J. G., Hoffmann, A., Buckley, L. B., Moore, P. J., Brown, C. J., Bruno, J. F., Duarte, C. M., Halpern, B. S., Hoegh-Guldberg, O., Kappel, C. V., Kiessling, W., O'Connor, M. I., Pandolfi, J. M., Parmesan, C., Sydeman, W. J., Ferrier, S., Williams, K. J. & Poloczanska, E. S. (2014) Geographical limits to species-range shifts are suggested by climate velocity. *Nature*, 507, 492–495.

Cahill, A. E., Aiello-Lammens, M. E., Fisher-Reid, M. C., Hua, X., Karanewsky, C. J., Ryu, H. Y., Sbeglia, G. C., Spagnolo, F., Waldron, J. B. & Wiens, J. J. (2014) Causes of warm-edge range limits: systematic review, proximate factors and implications for climate change. *Journal of Biogeography*, 41, 429–442.

Cargill, S. M. & Jefferies, R. L. (1984) The effects of grazing by lesser snow geese on the vegetation of a sub-arctic salt marsh. *Journal of Applied Ecology*, 21, 669–686.

Cerrato, M. E. & Blackmer, A. M. (1990) Comparison of models for describing corn yield response to nitrogen fertilizer. *Agronomy Journal*, 82, 138–143.

Chauhan, B. S. (2012) Weed ecology and weed management strategies for dry-seeded rice in Asia. *Weed Technology*, 26, 1–13.

Chauhan, B. S. (2013) Strategies to manage weedy rice in Asia. *Crop Protection*, 48, 51–56.

Chen, I.-C., Hill, J. K., Ohlemüller, R., Roy, D. B. & Thomas, C. D. (2011) Rapid range shifts of species associated with high levels of climate warming. *Science*, 333, 1024–1026.

Clark, G. F., Stark, J. S., Johnston, E. L., Runcie, J. W., Goldsworthy, P. M., Raymond, B. & Riddle, M. J. (2013) Light-driven tipping points in polar ecosystems. *Global Change Biology*, 19, 3749–3761.

Comte, L. & Grenouillet, G. (2013) Do stream fish track climate change? Assessing distribution shifts in recent decades. *Ecography*, 36, 1236–1246.

Connell, J. H., Hughes, T. P. & Wallace, C. C. (1997) A 30-year study of coral abundance, recruitment, and disturbance at several scales in space and time. *Ecological Monographs*, 67, 461–488.

Costanza, J. K., Weiss, J. & Moody, A. (2013) Examining the knowing-doing gap in the conservation of a fire-dependent ecosystem. *Biological Conservation*, 158, 107–115.

Davies, J. & Davies, D. (2010) Origins and evolution of antibiotic resistance. *Microbiology and Molecular Biology Review*, 74, 417–433.

De Rose, R. C., Oguchi, T., Morishima, W. & Collado, M. (2011) Land cover change on Mt. Pinatubo, the Philippines, monitored using ASTER VNIR. *International Journal of Remote Sensing*, 32, 9279–9305.

DeAngelis, D. L. (1992) *Dynamics of Nutrient Cycling and Food Webs*. Chapman & Hall, New York.

Del Moral, R., Thomason, L. A., Wenke, A. C., Lozanof, N. & Abata, M. D. (2012) Primary succession trajectories on pumice at Mount St. Helens, Washington. *Journal of Vegetation Science*, 23, 73–85.

Del Moral, R. & Wood, D. M. (1993) Early primary succession on the volcano Mount St. Helens. *Journal of Vegetation Science*, 4, 223–234.

Diamond, J. (2005) *Collapse: How Societies Choose to Fail or Succeed*. Viking, New York.

Doering, P. H., Oviatt, C. A., Nowicki, B. L., Klos, E. G. & Reed, L. W. (1995) Phosphorus and nitrogen limitation of primary production in a simulated estuarine gradient. *Marine Ecology Progress Series*, 124, 271–287.

Donelson, J. M., Munday, P. L., McCormick, M. I. & Pitcher, C. R. (2012) Rapid transgenerational acclimation of a tropical reef fish to climate change. *Nature Climate Change*, 2, 30–32.

Downing, J. A., Osenberg, C. W. & Sarnelle, O. (1999) Meta-analysis of marine nutrient-enrichment experiments: variation in the magnitude of nutrient limitation. *Ecology*, 80, 1157–1167.

Dublin, H. T. (2013) African Elephant Specialist Group report. *Pachyderm*, 54, 1–7.

Ebert, D. & Bull, J. J. (2003) Challenging the trade-off model for the evolution of virulence: is virulence management feasible? *Trends in Microbiology*, 11, 15–20.

Echeverria, C., Coomes, D., Salas, J., Rey-Benayas, J. M., Lara, A. & Newton, A.

(2006) Rapid deforestation and fragmentation of Chilean temperate forests. *Biological Conservation*, 130, 481–494.

Edgar, G. J., Stuart-Smith, R. D., Willis, T. J., Kininmonth, S., Baker, S. C., Banks, S., Barrett, N. S., Becerro, M. A., Bernard, A. T. F., Berkhout, J., Buxton, C. D., Campbell, S. J., Cooper, A. T., Davey, M., Edgar, S. C., Forsterra, G., Galvan, D. E., Irigoyen, A. J., Kushner, D. J., Moura, R., Parnell, P. E., Shears, N. T., Soler, G., Strain, E. M. A. & Thomson, R. J. (2014) Global conservation outcomes depend on marine protected areas with five key features. *Nature*, 506, 216–220.

Edmondson, W. T. (1991) *The Uses of Ecology*. University of Washington Press, Seattle.

Eisenberg, C., Seager, S. T. & Hibbs, D. E. (2013) Wolf, elk, and aspen food web relationships: context and complexity. *Forest Ecology and Management*, 299, 70–80.

Estes, J. A., Tinker, M. T., Williams, T. M. & Doak, D. F. (1998) Killer whale predation on sea otters linking oceanic and nearshore ecosystems. *Science*, 282, 473–476.

Fageria, N. K., Moraes, M. F., Ferreira, E. P. B. & Knupp, A. M. (2012) Biofortification of trace elements in food crops for human health. *Communications in Soil Science and Plant Analysis*, 43, 556–570.

Fenner, F. & Ratcliffe, F. N. (1965) *Myxomatosis*. Cambridge University Press, Cambridge, U.K.

Ferrer, M., Newton, I. & Muriel, R. (2013) Rescue of a small declining population of Spanish imperial eagles. *Biological Conservation*, 159, 32–36.

Fox, H. E. & Caldwell, R. L. (2006) Recovery from blast fishing on coral reefs: a tale of two scales. *Ecological Applications*, 16, 1631–1635.

Fritts, H. C. (1976) *Tree Rings and Climate*. Academic Press, London.

Fryxell, J. M., Greever, J. & Sinclair, A. R. E. (1988) Why are migratory ungulates so abundant? *American Naturalist*, 131, 781–798.

Good, N. F. (1968) A study of natural replacement of chestnut in six stands in the highlands of New Jersey. *Bulletin of the Torrey Botanical Club*, 95, 240–253.

Goward, S. N., Tucker, C. J. & Dye, D. G. (1985) North American vegetation patterns observed with the NOAA-7 advanced very high resolution radiometer. *Vegetatio*, 64, 3–14.

Graham, N. A. J., Nash, K. L. & Kool, J. T. (2011) Coral reef recovery dynamics in a changing world. *Coral Reefs*, 30, 283–294.

Grant, S. M., Hill, S. L., Trathan, P. N. & Murphy, E. J. (2013) Ecosystem services of the Southern Ocean: trade-offs in decision-making. *Antarctic Science*, 25, 603–617.

Grudd, H. (2008) Torneträsk tree-ring width and density AD 500–2004: a test of climatic sensitivity and a new 1500-year reconstruction of north Fennoscandian summers. *Climate Dynamics*, 31, 843–857.

Gunn, J. M. & Mills, K. H. (1998) The potential for restoration of acid-damaged lake trout lakes. *Restoration Ecology*, 6, 390–397.

Hare, S. R. & Mantua, N. J. (2000) Empirical evidence for North Pacific regime shifts in 1977 and 1989. *Progress in Oceanography*, 47, 103–145.

Haydon, D. T., Shaw, D. J., Carradori, I. M., Hudson, P. J. & Thirgood, S. J. (2002) Analysing noisy time-series: describing regional variation in the cyclic dynamics of red grouse. *Proceedings of the Royal Society of London, Series B*, 269, 1609–1617.

Heap, I. & LeBaron, H. (2001) Introduction and overview of resistance. *Herbicide Resistance and World Grains* (eds. S. B. Powles & D. L. Shaner), pp. 1–22. CRC Press, Boca Raton, FL.

Helander, M., Saloniemi, I. & Saikkonen, K. (2012) Glyphosate in northern ecosystems. *Trends in Plant Science*, 17, 569–574.

Herweijer, C., Seager, R., Cook, E. R. & Emile-Geay, J. (2007) North American droughts of the last millennium from a gridded network of tree-ring data. *Journal of Climate*, 20, 1353–1376.

Hilborn, R. (2007) Moving to sustainability by learning from successful fisheries. *Ambio*, 36, 1–9.

Hobbs, R. J. & Cramer, V. A. (2008) Restoration ecology: interventionist approaches for restoring and maintaining ecosystem function in the face of rapid environmental change. *Annual Review of Environment and Resources*, 33, 39–61.

Holdaway, R. N. (1989) New Zealand's pre-human avifauna and its vulnerability. *New Zealand Journal of Ecology*, 12, 11–25.

Holt, B. G., Lessard, J.-P., Borregaard, M. K., Fritz, S. A., Araújo, M. B., Dimitrov, D., Fabre, P.-H., Graham, C. H., Graves, G. R., Jønsson, K. A., Nogués-Bravo, D., Wang, Z., Whittaker, R. J., Fjeldså, J. & Rahbek, C. (2013) An update of Wallace's Zoogeographic Regions of the World. *Science*, 339, 74–78.

Hong, Y. T., Hong, B., Lin, Q. H., Zhu, Y. X., Shibata, Y., Hirota, M., Uchida, M., Leng, X. T., Jiang, H. B., Xu, H., Wang, H. & Yi, L. (2003) Correlation between Indian Ocean summer monsoon and North Atlantic climate during the Holocene. *Earth and Planetary Science Letters*, 211, 371–380.

Horne, A. J. & Goldman, C. R. (1994) *Limnology*. McGraw-Hill, New York.

Hughes, T. P., Graham, N. A. J., Jackson, J. B. C., Mumby, P. J. & Steneck, R. S. (2010) Rising to the challenge of sustaining coral reef resilience. *Trends in Ecology & Evolution*, 25, 633–642.

Hutchings, M. J. (2010) The population biology of the early spider orchid *Ophrys sphegodes* Mill. III: demography over three decades. *Journal of Ecology*, 98, 867–878.

Intergovernmental Panel on Climate Change (2013) IPCC Fifth Assessment Report: Climate Change 2013: The Physical Science Basis. Contribution of

Working Group I to the Fifth Assessment Report of the Intergovernmental Panel on Climate Change. Cambridge University Press, Cambridge, U.K.

Johnson, J. & Dunn, P. (2006) Low genetic variation in the heath hen prior to extinction and implications for the conservation of prairie-chicken populations. *Conservation Genetics*, 7, 37–48.

Johnson, S. R. & Cowan, I. M. (1974) Thermal adaptation as a factor affecting colonizing success of introduced Sturnidae (Aves) in North America. *Canadian Journal of Zoology*, 52, 1559–1576.

Leach, M. K. & Givnish, T. J. (1996) Ecological determinants of species loss in remnant prairies. *Science*, 273, 1555–1558.

Legagneux, P., Gauthier, G., Berteaux, D., Bêty, J., Cadieux, M.-C., Bilodeau, F., Bolduc, E., McKinnon, L., Tarroux, A., Therrien, J.-F., Morissette, L. & Krebs, C. J. (2012) Disentangling trophic relationships in a high arctic tundra ecosystem through food web modeling. *Ecology*, 93, 1707–1716.

Legge, S., Kennedy, M. S., Lloyd, R. A. Y., Murphy, S. A. & Fisher, A. (2011) Rapid recovery of mammal fauna in the central Kimberley, northern Australia, following the removal of introduced herbivores. *Austral Ecology*, 36, 791–799.

Likens, G. E., Bormann, F. H., Johnson, N. M., Fisher, D. W. & Pierce, R. S. (1970) Effects of forest cutting and herbicide treatment on nutrient budgets in the Hubbard Brook watershed-ecosystem. *Ecological Monographs*, 40, 23–47.

Link, J. (2002) Does food web theory work for marine ecosystems? *Marine Ecology Progress Series*, 230, 1–9.

Lipsett, J. & Simpson, J. (1973) Analysis of the response by wheat to application of molybdenum in relation to nitrogen status. *Australian Journal of Experimental Agriculture*, 13, 563–566.

Lucas, J. D. & Lacourse, T. (2013) Holocene vegetation history and fire regimes of *Pseudotsuga menziesii* forests in the Gulf Islands National Park Reserve, southwestern British Columbia, Canada. *Quaternary Research*, 79, 366–376.

Ludwig, D., Hilborn, R. & Walters, C. (1993) Uncertainty, resource exploitation, and conservation: lessons from history. *Science*, 260, 17, 36.

MacDonald, W. L. (2003) Dominating North American forest pathology issues of the 20th century. *Phytopathology*, 93, 1039–1040.

Mathews, T. J. & MacDorman, M. F. (2012) Infant mortality statistics from the 2008 period: linked birth/infant death data set. *National Vital Statistics Reports*, 60, 1–28.

McCauley, D. J., Keesing, F., Young, T. P., Allan, B. F. & Pringle, R. M. (2006) Indirect effects of large herbivores on snakes in an African savanna. *Ecology*, 87, 2657–2663.

McCune, J. L., Pellatt, M. G. & Vellend, M. (2013) Multidisciplinary synthesis of long-term human-ecosystem interactions: a perspective from the Garry oak ecosystem of British Columbia. *Biological Conservation*, 166, 293–300.

Mennerat, A., Nilsen, F., Ebert, D. & Skorping, A. (2010) Intensive farming:

evolutionary implications for parasites and pathogens. *Evolutionary Biology*, 37, 59–67.

Middleton, G. (2012) Nothing lasts forever: environmental discourses on the collapse of past societies. *Journal of Archaeological Research*, 20, 257–307.

Miller, B. & Reading, R. P. (2012) Challenges to black-footed ferret recovery: protecting prairie dogs. *Western North American Naturalist*, 72, 228–240.

Monteith, K. L., Long, R. A., Bleich, V. C., Heffelfinger, J. R., Krausman, P. R. & Bowyer, R. T. (2013) Effects of harvest, culture, and climate on trends in size of horn-like structures in trophy ungulates. *Wildlife Monographs*, 183, 1–28.

Montevecchi, W. A. & Kirk, D. A. (1996) Great auk: *Pinguinus impennis*. *Birds of North America*, 260, 1–20.

Moura, N. G., Lees, A. C., Andretti, C. B., Davis, B. J. W., Solar, R. R. C., Aleixo, A., Barlow, J., Ferreira, J. & Gardner, T. A. (2013) Avian biodiversity in multiple-use landscapes of the Brazilian Amazon. *Biological Conservation*, 167, 339–348.

Myers, J. H. & Cory, J. S. (2013) Population cycles in forest Lepidoptera revisited. *Annual Review of Ecology, Evolution, and Systematics*, 44, 565–592.

Myers, J. H., Jackson, C., Quinn, H., White, S. R. & Cory, J. S. (2009) Successful biological control of diffuse knapweed, *Centaurea diffusa*, in British Columbia, Canada. *Biological Control*, 50, 66–72.

Neve, P., Vila-Aiub, M. & Roux, F. (2009) Evolutionary-thinking in agricultural weed management. *New Phytologist*, 184, 783–793.

Newmark, W. D. (1985) Legal and biotic boundaries of western North American national parks: a problem of congruence. *Biological Conservation*, 33, 197–208.

Normile, D. (2008) Driven to extinction. *Science*, 319, 1606–1609.

Orians, G. H. & Milewski, A. V. (2007) Ecology of Australia: the effects of nutrient-poor soils and intense fires. *Biological Reviews*, 82, 393–423.

Pace, M. L., Carpenter, S. R., Johnson, R. A. & Kurtzweil, J. T. (2013) Zooplankton provide early warnings of a regime shift in a whole lake manipulation *Limnology and Oceanography*, 58, 525–532.

Paine, R. T. (1966) Food web complexity and species diversity. *American Naturalist*, 100, 65–75.

Paine, R. T. (1974) Intertidal community structure: experimental studies on the relationship between a dominant competitor and its principal predator. *Oecologia*, 15, 93–120.

Paine, R. T., Tegner, M. J. & Johnson, E. A. (1998) Compounded perturbations yield ecological surprises. *Ecosystems*, 1, 535–545.

Parr, C. L., Gray, E. F. & Bond, W. J. (2012) Cascading biodiversity and functional consequences of a global change-induced biome switch. *Diversity and Distributions*, 18, 493–503.

Pauly, D., Hilborn, R. & Branch, T. A. (2013) Fisheries: does catch reflect abundance? *Nature*, 494, 303–306.

Peacock, S. J., Krkošek, M., Proboszcz, S., Orr, C. & Lewis, M. A. (2012) Cessation of a salmon decline with control of parasites. *Ecological Applications*, 23, 606–620.

Pearcy, R. W. & Ehleringer, J. (1984) Comparative ecophysiology of C_3 and C_4 plants. *Plant Cell and Environment*, 7, 1–13.

Pelz, H.-J., Rost, S., Hünerberg, M., Fregin, A., Heiberg, A.-C., Baert, K., MacNicoll, A. D., Prescott, C. V., Walker, A.-S., Oldenburg, J. & Müller, C. R. (2005) The genetic basis of resistance to anticoagulants in rodents. *Genetics*, 170, 1839–1847.

Pelz, H.-J., Rost, S., Müller, E., Esther, A., Ulrich, R. G. & Müller, C. R. (2012) Distribution and frequency of VKORC1 sequence variants conferring resistance to anticoagulants in *Mus musculus*. *Pest Management Science*, 68, 254–259.

Petit, J. R., Jouzel, J., Raynaud, D., Barkov, N. I., Barnola, J. M., Basile, I., Bender, M., Chappellaz, J., Davis, J., Delaygue, G., Delmotte, M., Kotlyakov, V. M., Legrand, M., Lipenkov, V., Lorius, C., Pépin, L., Ritz, C., Saltzman, E. & Stievenard, M. (1999) Climate and atmospheric history of the past 420,000 years from the Vostok Ice Core, Antarctica. *Nature*, 399, 429–436.

Piertney, S. B., Lambin, X., Maccoll, A. D. C., Lock, K., Bacon, P. J., Dallas, J. F., Leckie, F., Mougeot, F., Racey, P. A., Redpath, S. & Moss, R. (2008) Temporal changes in kin structure through a population cycle in a territorial bird, the red grouse *Lagopus lagopus scoticus*. *Molecular Ecology*, 17, 2544–2551.

Pleasants, J. M. & Oberhauser, K. S. (2013) Milkweed loss in agricultural fields because of herbicide use: effect on the monarch butterfly population. *Insect Conservation and Diversity*, 6, 135–144.

Population Reference Bureau (2013) World Population Data Sheet 2013. http://www.prb.org/Publications/Datasheets/2013/2013-world-population-data-sheet/data-sheet.aspx.

Rashid, A., Rafique, E., Bhatti, A. U., Ryan, J., Bughio, N. & Yau, S. K. (2011) Boron deficiency in rainfed wheat in Pakistan: incidence, spatial variability and management strategies. *Journal of Plant Nutrition*, 34, 600–613.

Rawat, N., Neelam, K., Tiwari, V. K. & Dhaliwal, H. S. (2013) Biofortification of cereals to overcome hidden hunger. *Plant Breeding*, 132, 437–445.

Reeves, J. M., Bostock, H. C., Ayliffe, L. K., Barrows, T. T., De Deckker, P., Devriendt, L. S., Dunbar, G. B., Drysdale, R. N., Fitzsimmons, K. E., Gagan, M. K., Griffiths, M. L., Haberle, S. G., Jansen, J. D., Krause, C., Lewis, S., McGregor, H. V., Mooney, S. D., Moss, P., Nanson, G. C., Purcell, A. & van der Kaars, S. (2013) Palaeoenvironmental change in tropical Australasia over the last 30,000 years—a synthesis by the OZ-INTIMATE group. *Quaternary Science Reviews*, 74, 97–114.

Ripple, W. J., Beschta, R. L., Fortin, J. K. & Robbins, C. T. (2014a) Trophic cascades from wolves to grizzly bears in Yellowstone. *Journal of Animal Ecology*, 83, 223–233.

Ripple, W. J., Estes, J. A., Beschta, R. L., Wilmers, C. C., Ritchie, E. G., Hebblewhite, M., Berger, J., Elmhagen, B., Letnic, M., Nelson, M. P., Schmitz, O. J., Smith, D. W., Wallach, A. D. & Wirsing, A. J. (2014b) Status and ecological effects of the world's largest carnivores. *Science*, 343, 1241484.

Ryan, J., Rashid, A., Torrent, J., Yau, S. K., Ibrikci, H., Sommer, R. & Erenoglu, E. B. (2013) Micronutrient constraints to crop production in the Middle East-West Asia Region: significance, research, and management. *Advances in Agronomy*, 122, 1–84.

Sahanatien, V. & Derocher, A. E. (2012) Monitoring sea ice habitat fragmentation for polar bear conservation. *Animal Conservation*, 15, 397–406.

Saintilan, N., Wilson, N. C., Rogers, K., Rajkaran, A. & Krauss, K. W. (2014) Mangrove expansion and salt marsh decline at mangrove poleward limits. *Global Change Biology*, 20, 147–157.

Saunders, G., Cooke, B., McColl, K., Shine, R. & Peacock, T. (2010) Modern approaches for the biological control of vertebrate pests: an Australian perspective. *Biological Control*, 52, 288–295.

Seehausen, O., Witte, F., Katunzi, E. F., Smits, J. & Bouton, N. (1997) Patterns of the remnant cichlid fauna in southern Lake Victoria. *Conservation Biology*, 11, 890–904.

Selig, E. R. & Bruno, J. F. (2010) A global analysis of the effectiveness of marine protected areas in preventing coral loss. *PLosOne*, 5, e9278.

Selig, E. R., Casey, K. S. & Bruno, J. F. (2012) Temperature-driven coral decline: the role of marine protected areas. *Global Change Biology*, 18, 1561–1570.

Shine, R. (2010) The ecological impact of invasive cane toads (*Bufo marinus*) in Australia. *Quarterly Review of Biology*, 85, 253–291.

Short, J., Kinnear, J. E. & Robley, A. (2002) Surplus killing by introduced predators in Australia—evidence for ineffective anti-predator adaptations in native prey species? *Biological Conservation*, 103, 283–301.

Signorini, S. R., Murtugudde, R. G., McClain, C. R., Christian, J. R., Picaut, J. & Busalacchi, A. J. (1999) Biological and physical signatures in the tropical and subtropical Atlantic. *Journal of Geophysical Research, C. Oceans*, 104, 18367–18382.

Silliman, R. P. & Gutsell, J. S. (1958) Experimental exploitation of fish populations. *Fisheries Bulletin (U.S.)*, 58, 215–252.

Sinclair, A. R. E. (2012) *Serengeti Story: Life and Science in the World's Greatest Wildlife Region*. Oxford University Press, Oxford.

Sodhi, N. S., Lee, T. M., Koh, L. P. & Prawiradilaga, D. M. (2006) Long-term avifaunal impoverishment in an isolated tropical woodlot. *Conservation Biology*, 20, 772–779.

Steen, D. A., Conner, L. M., Smith, L. L., Provencher, L., Hiers, J. K., Pokswinski, S., Helms, B. S. & Guyer, C. (2013) Bird assemblage response to restoration of fire-suppressed longleaf pine sandhills. *Ecological Applications*, 23, 134–147.

Stirling, I. (2011) *Polar Bears: The Natural History of a Threatened Species*. Fitzhenry and Whiteside, Markham, Ontario.

Szabo, J. K., Khwaja, N., Garnett, S. T. & Butchart, S. H. M. (2012) Global patterns and drivers of avian extinctions at the species and subspecies level. *PLoS ONE*, 7, e47080.

Teichman, K. J., Nielsen, S. E. & Roland, J. (2013) Trophic cascades: linking ungulates to shrub-dependent birds and butterflies. *Journal of Animal Ecology*, 82, 1288–1299.

Tingley, R., Phillips, B. L., Letnic, M., Brown, G. P., Shine, R. & Baird, S. J. E. (2013) Identifying optimal barriers to halt the invasion of cane toads *Rhinella marina* in arid Australia. *Journal of Applied Ecology*, 50, 129–137.

Tognetti, P. M., Chaneton, E. J., Omacini, M., Trebino, H. J. & León, R. J. C. (2010) Exotic vs. native plant dominance over 20 years of old-field succession on set-aside farmland in Argentina. *Biological Conservation*, 143, 2494–2503.

Urban, M. C., Phillips, B. L., Skelly, D. K. & Shine, R. (2007) The cane toad's (*Chaunus [Bufo] marinus*) increasing ability to invade Australia is revealed by a dynamically updated range model. *Proceedings of the Royal Society B: Biological Sciences*, 274, 1413–1419.

van Wijk, S. J., Taylor, M. I., Creer, S., Dreyer, C., Rodrigues, F. M., Ramnarine, I. W., van Oosterhout, C. & Carvalho, G. R. (2013) Experimental harvesting of fish populations drives genetically based shifts in body size and maturation. *Frontiers in Ecology and the Environment*, 11, 181–187.

VanDerWal, J., Murphy, H. T., Kutt, A. S., Perkins, G. C., Bateman, B. L., Perry, J. J. & Reside, A. E. (2013) Focus on poleward shifts in species' distribution underestimates the fingerprint of climate change. *Nature Climate Change*, 3, 239–243.

Walker, D. A. (2010) Biofuels—for better or worse? *Annals of Applied Biology*, 156, 319–327.

Walker, L. R. & del Moral, R. (2009) Lessons from primary succession for restoration of severely damaged habitats. *Applied Vegetation Science*, 12, 55–67.

Wallace, A. R. (1876) *The Geographical Distribution of Animals*. Macmillan, London.

Walters, J. R. (1991) Application of ecological principles to the management of endangered species: the case of the red-cockaded woodpecker. *Annual Review of Ecology and Systematics*, 22, 505–523.

Wedin, D. A. & Tilman, D. (1996) Influence of nitrogen loading and species composition of the carbon balance of grasslands. *Science*, 274, 1720–1723.

Whittaker, R. H. (1975) *Communities and Ecosystems*, 2nd ed. Macmillan, New York.

Whittaker, R. J., Bush, M. B. & Richards, K. (1989) Plant recolonization and vegetation succession on the Krakatau Islands, Indonesia. *Ecological Monographs*, 59, 59–123.

Wieder, R. K. & Vitt, D. H. (2006) Boreal Peatland Ecosystems. Springer, New York.

Witte, F., Seehausen, O., Wanink, J., Kishe-Machumu, M., Rensing, M. & Goldschmidt, T. (2013) Cichlid species diversity in naturally and anthropogenically turbid habitats of Lake Victoria, East Africa. *Aquatic Sciences*, 75, 169–183.

Woinarski, J. C. Z., Fisher, A., Armstrong, M., Brennan, K., Griffiths, A. D., Hill, B., Choy, J. L., Milne, D., Stewart, A., Young, S., Ward, S., Winderlich, S. & Ziembicki, M. (2012) Monitoring indicates greater resilience for birds than for mammals in Kakadu National Park, northern Australia. *Wildlife Research*, 39, 397–407.

Woinarski, J. C. Z., Legge, S., Fitzsimons, J. A., Traill, B. J., Burbidge, A. A., Fisher, A., Firth, R. S. C., Gordon, I. J., Griffiths, A. D., Johnson, C. N., McKenzie, N. L., Palmer, C., Radford, I., Rankmore, B., Ritchie, E. G., Ward, S. & Ziembicki, M. (2011) The disappearing mammal fauna of northern Australia: context, cause, and response. *Conservation Letters*, 4, 192–201.

Woinarski, J. C. Z., Risler, J. & Kean, L. (2004) Response of vegetation and vertebrate fauna to 23 years of fire exclusion in a tropical Eucalyptus open forest, Northern Territory, Australia. *Austral Ecology*, 29, 156–176.

World Wildlife Fund. (2014) Living Planet Report 2014. http://wwf.panda.org /about_our_earth/all_publications/living_planet_report/

Young, T. P., Okello, B. D., Kinyua, D. & Palmer, T. M. (1997) KLEE: A long-term multi-species herbivore exclusion experiment in Laikipia, Kenya. *African Journal of Range & Forage Science*, 14, 94–102.

Zhu, X.-G., Long, S. P. & Ort, D. R. (2010) Improving photosynthetic efficiency for greater yield. *Annual Review of Plant Biology*, 61, 235–261.

Zuo, W., Smith, F. A. & Charnov, E. L. (2013) A life-history approach to the Late Pleistocene megafaunal extinction. *American Naturalist*, 182, 524–531.